果樹

高品質多収の樹形とせん定

光合成を高める枝づくり・葉づくり

高橋国昭＝著

農文協

早期多収は１年目の主枝の伸びで決まる

早く成園になり多収できるかどうかは、栽植密度と１年目の主枝の伸びによって決まる。しかし、栽植密度を高くすると苗木代が高くつく。また、主枝がよく伸びて樹冠が早くうまると、３～４年で間伐することになる。したがって、４～５年で樹冠が園全体を覆うことを想定して、栽植本数を決めるとよい

杯状形整枝のナシ‘二十世紀’

３本の主枝は１年目に平均2.5～3m伸び、２年目には隣の樹とふれ合った

Ｙ字形（波状《はじょう》）整枝のプルーン‘くらしま’

２本の主枝を傾斜棚に誘引したところ。左右の柱間隔は3.3mなので平均2.5m伸びた

平棚栽培のブドウ‘シャインマスカット’（ダブルＨ型短梢せん定）

占有面積は７×6.7ｍであるが、１年目に８本の主枝が完成した

２年目のブドウ‘リザマート’の生長（自然型長梢せん定）

栽植密度は22本/10aであるが、樹冠は完全にうまっている

6月中に最適葉面積指数にして、それより高くしない

5月26日のスモモ‘貴陽’の樹冠と新梢（Y字形棚仕立て）

葉面積指数は2.5前後とみられ4以上に上げたい。写真下は同じ日の新梢で、最上段が122cm、最下段は1cm。この時点では、下から6本目の52cmまでは生長を停止している。このような新梢を多用するとよい

5月26日の12年生リンゴ‘ふじ’の樹冠と新梢（平棚栽培）

太枝間引き後でLAIは2.5前後とみられ5まで上げたい。下は同じ日の新梢で、左は43cm、左から3本目は34cmで生長中。そこから右の29cmから1cmまでの新梢は生長を停止している

6月13日のブドウ‘巨峰’の適正な結果枝

左から早期加温、普通加温、無加温、露地栽培

7月17日の無加温栽培のブドウ‘巨峰’

LAIは約2.5で止まっている（新梢＝結果枝は停止して伸びていない）

棚栽培果樹の結実のようす

5月26日のモモ‘あかつき’の新梢

長さは左の76.5cmの徒長枝から4本目の32cmまでは生長中。その右の21.5cmから2.5cmで短果枝になるものまでは生長を停止していた

6年生Y字形棚仕立てのモモ‘長沢白鳳’

8月8日の状態で、樹冠に空間があり、LAIは2.5前後で、収量は2t/10a程度

10a当たり3本で棚がうまっているブドウ‘甲州’

平均結果枝長は55.7cm、LAIは1.68ながら3100kg/10aの収量で、品質は優れていた。直光着色品種なので、LAIを高めるのがむずかしい。散光着色品種でLAIを高めれば4t以上はとれる（9月27日の状態）

平棚栽培9年生リンゴ‘ふじ’の収穫前

収量が6t/10aを超えている。栽植本数はマルバ台で30本/10aであるが、樹冠占有面積率は80%、LAIは5程度であった（11月17日の状態）

ハウスとネット棚で安定栽培
――作業しやすく、風や病害虫も防げる――

両屋根式単棟ハウス

間口20m、棟高5.5～6m、軒高2.5～3m。棟の風下側に幅1mの換気窓があり、換気がよく、真夏の午後は野外より涼しい。主骨パイプは直径48mm、肉厚2.4mmの鋼管で、柱間隔は3～3.5m。POかフッ素系フィルムなら雪は滑落する。棚上に筋交いをいれるので風にも強い。傾斜棚にもでき、しゃ光カーテンなども設置しやすい

両屋根式単棟ハウスの傾斜棚で育てるＹ字形波状棚仕立てのモモ

２本主枝で樹冠占有面積は7×6.7m。主枝の傾斜は3.6分の１で、分岐点の高さは1.5m、主枝先端部は2.5mなので、1mの脚立で全ての作業が可能。樹齢を経たら、幹上部は返し枝で樹冠をうめる

リンゴの平棚仕立て

主枝の分岐点から棚につけるときは、垂直に伸ばし、棚に近くなってから水平方向へ曲げるほうが、はるかに作業効率がよい。写真は杯状形で作業がしにくい（図６－10参照）

ハウスが必要ない場合はネット棚にする

写真左のように、果樹棚は農家の背丈に合わせ1.8～2mにし、ネット棚を2.5m程度にすると、新梢を伸ばすための誘引（写真右）は1mの脚立で間に合う。ネットの目は、害虫の大きさより細かくすれば防除回数が減り、防風、防雹、防鳥、防獣など総合的に対処できる

まえがき

果樹農家のなかには、ビックリするような収量をあげている人がいる。その人たちの記事を読むと、それぞれ工夫をこらし努力しておられるのがよくわかる。だが、どうしてそんなに多くの収量をあげられるかについては、考え方が一致しているようには思えない。

私たちが果樹をつくるとき、どう考え、どう行動するだろうか。果樹は永年生作物だから、植付けたらいかに伸ばすか、伸びたら早く果実をつけたい、果実がつくようになればおいしいものを多くとりたいと考える。そのため、毎日のように果樹を観察して、生育状況や病害虫の発生などを知る。そして、打つべき対策を次々と実施していく。

それができるには、こうすればよく伸びる、いい果実が多くとれるという方法を知っていなければならない。それが栽培の理論である。

果樹は植物であり、光合成によって無機物から有機物を合成し、それによって自らの体をつくり、かつ生きるためのエネルギーさえまかなう自家栄養生物である。そうだとすれば、果樹をつくるための理論（考え方）は、光合成生産を基礎としなければならないのではないだろうか。そのような考えにもとづいてつくりあげたのが「物質生産理論」である。

私は１９５９年に農学部を卒業して、島根県農事試験場（現・島根県農業技術センター）の果樹分場に配属され、38年間にわたりブドウを中心に栽培の研究に専念した。果樹農家に役立つ成果を追求しながら、到達したのが物質生産理論だった。この理論は果樹全体に通じるものと考え、ブドウ以外の果樹に対しても、物質生産的な観点から研究をすすめ、農家に普及してきた。

鳥取大学退官後も島根県のＪＡ雲南果樹技術指導センター（現・ココロノファーム）の果樹園や、自家園で実証栽培を行なうなかで、ますます、この考え方に大きなまちがいはなく、高品質多収生産にとって欠かせない考え方だと確信するようになった。

そこで、果樹のベテランにはもちろんのこと、初心者にもわかるようにと書き上げたのが本書である。本書を読んでいただければ、ビックリするような収量をあげるにはどうすればよいかが理解されるのではないかと思う。

歳もとり頭の回転も鈍くなったこともあり、実力不足は明らかで、まちがいもあるかもしれない。しかし、世に問わないかぎり、その成否はわからない。忌憚のないご意見を賜ることができれば、このうえない幸せである。

２０１５年12月　高橋　国昭

目次

第2章　各器官の生長と栽培の課題

第3章 果樹の生長パターンと栽培のポイント

第4章 適正収量の考え方と多収園の例

第5章 適正収量の決め方

序章　物質生産理論でビックリするような高品質多収をあげよう

光合成と高品質多収をつなぐ物質生産理論

●物質（収量）の大部分は光合成でつくられる

いきなり「物質生産《ぶっしつせいさん》」とか「物質生産理論」という言葉が出てきて、ビックリしている方や、はじめて聞くという方も多いのではないだろうか。

でも、高品質多収には光合成が大事だということを意識されている方は多いと思う。なぜ光合成が高品質多収につながっているのかを調べ、それをもとに栽培技術として提案したのが物質生産理論なのである。

物質とは、植物の体をつくっている物《もの》、すなわち物質のことである。第1章でくわしく解説するが、この植物の体をつくっている物質は、光合成でつくられた炭水化物（デンプン）と、根から吸収された窒素やリン、カリウムなどの無機養分のことである。両方を物質というが、光合成でつくられた物質が圧倒的に多いので、「物質生産」とか「物質生産理論」というと、光合成でつくられた炭水化物の量や、いかに効率よく光合成を行なわせ、果実に多く分配させて収量を高めるのかについての理論と考えてよい。したがって、「光合成生産」とか「光合成生産理論」といってもいいくらいである。

こう述べると、なぜ果樹の高品質多収に物質生産が大切なのか理解していただけると思う。植物である果樹の体は、水分を除くと大部分は光合成によってつくられた物質であり、それによって、生長し、果実をつけ肥大・成熟させるのである。

つまり、物質生産理論は、太陽の光をいかに効率よく生産につなげ、収量品質を高めるのか、そのための樹形や枝の配置など高品質多収樹の考え方と目標を示した理論である（図序—1）。

図序－1　物質生産理論による栽培で高品質多収をあげているリンゴ‘ふじ’9年生、平棚仕立て

●だから、葉の枚数や面積、増え方を問題にする

ごぞんじのように、光合成の大部分は葉で行なわれる。したがって、光合成を効率よく行なうには、葉の量（枚数と面積）や増え方、重なりぐあいが問題になる。

光合成の工場である葉は多いにこしたことはないが、日陰になった葉は、呼吸によってむしろ物質を消耗してしまうので、マイナスに働く。最も効率よく光合成を行なう葉の量があり、それを最適葉面積指数というが、それがどのくらいで、いかにその量に近づけるかが技術課題になる。

しかも、早くできた葉ほど長い期間働くので、同じ量の葉でも、どの時期に目標の量になったかが問題になる。多くの新梢《しんしょう》がいつまでも伸びていて、そこに次々と新しい葉がついているようではだめで、早い時期に葉を増やしたい。もちろん、病害虫や災害で葉が落ちないことが前提になる。

そうすれば、早い段階から光合成が盛んに行なわれ、それだけ多くの物質が光合成でつくられ、利用できることになる。

●果実への分配を多くする

ところで、光合成で生産された物質は、栽培の目的である果実だけでなく、枝や葉、根の生長にも分配される。枝や根は、新梢や新根だけでなく、2年生以上の旧《ふる》い枝や、旧根の肥大も含まれる。こうした枝や葉、根と果実は競合関係にあり、枝や根への分配が増えると果実への分配が減ってしまう。

したがって、高品質多収を実現するためには、物質生産を増やすだけでなく、果実への分配を多くしなければならない。

いつまでも新梢が伸びていたり、太い徒長枝が多く出ているようでは、物質がそちらのほうに多く分配され、肝心の果実には十分配分されないので、高品質多収は望めない。

●物質生産量を知る方法

ところで、物質生産にもとづいて栽培の理論をつくるには、果樹の物質生産量はどれくらいなのか、どこでどうしてつくられるのか、それには法則があるのかなどを知る必要がある。そのためには、果樹を掘り上げて、葉、枝、根、果実など器官別に分類し、その乾燥した重さを測らなければならない。具体的な方法については本文をみていただきたいが、時期をかえて、数多く調査するので、膨大な時間と労働力が必要である。

もちろん、これは物質生産について研究するために行なう作業なので、読者の皆さんには、ご自身で物質生産理論を確かめたい場合を除いてこの作業は必要ない。

こうして得られたデータを分析すると、いろいろなことがわかってくる。それによって、本書で明らかにしている、高品質多収の考え方や技術を組み立てたのである。具体的には本文を参照していただくとして、たとえば、落葉果樹は自然の落葉樹と同じ法則にしたがっているが、少しちがうのは、物質を最も多く受け取るのは、自然の落葉樹では幹だが果樹では果実であることもわかる。材木をつくるのか果実をつくるのかのちがいである。

高品質多収を実現するために——物質生産にもとづく栽培の考え方

●最適な葉の量にする

前述したように、葉が多いほど物質生産は多くなるが、葉の量と新梢長は正比例するから、葉の量は新梢の長さと本数で決まる。したがって、物質生産量を増やすには、新梢の本数を増やし生長をうながせばよい。しかし、そのような樹は、物質の多くを葉、枝、根に分配するので、果実生産にとっては必ずしもいいとはいえない。

新梢が伸びすぎると、薪《たきぎ》としての物質生産量は増えるが、果実には少なくなる。そして、下葉は不要になって落ちてしまう。しかし、自然の落葉樹は最も効率のよい葉の量で新梢の生長を止める。このときの葉の量が、最適葉面積指数でもある。

最適葉面積指数は、果樹の種類によって最適値があり、ブドウでは3〜4、リンゴでは4〜5くらいである。それ以上の葉は必要ないから、最適葉面積指数になったら新梢の生長が自然に止まるのがよい。そうならないときには、それ以上増えないように生長をおさえるか、新梢を取り除くことになる（図序—2）。

●果実への分配は新梢長に反比例

人間社会ではパイを食べるときには、均等に切り分ける。しかし、たまには乱暴者がいて不当に多くとることがある。そうすると、ほかの人のわけまえが減る。

果樹も生育状況や環境条件に応じて、葉や果実、枝、根に物質を均等に分配する。しかし、果実以外の器官への分配が増えるようなつくり方をすれば、果実への分配が少なくなり収量は減る。

果実へ分配される割合のことを、果実分

配率とよぶが、それは新梢の長さに反比例することがわかっている。したがって、果実分配率を高めようとすると、新梢の生長を早く止めることが必要である。

図序－2　波状棚仕立てのオウトウの収穫期
新梢がほどよい長さで止まり、光がまんべんなく葉に当たるとともに、摘果もでき大玉生産ができる

葉の量を多くすることはパイを大きくすることに相当し、新梢を伸ばしすぎないのは、自分のとり分である果実への分配率を高めることになる。

●短い新梢を大切に

収量を多くとるには葉を早く増やし、最適葉面積指数に到達したら新梢の伸びが止まるような樹をつくればよい。そのためには、短い新梢を大切にすることと、新梢が果樹園全体に均等に配置されていることが必要である。

そうするには棚が必要で、ブドウやナシのような平棚か、波状棚《はじょう》にするのがよい。新梢が均等に配置できれば、あとは、その樹の果実生産力にみあった着果量に制限するだけである。

●適正着果量の計算と調節

適正着果量は、開花期から成熟期までの日数と果実糖度（乾物率）から計算する。つまり、果実に分配される物質量と、1果実に必要な物質量（乾物量）から計算する。そして、樹冠占有面積率とその葉面積指数から適正着果数を計算することができる。

その値にもとづいて着果制限（摘蕾・摘花（果））をすればよい。

以上が本書のおもな内容である。この理論と技術は、私自身の園ではもちろん、多くの生産者に受け入れていただき、実証されている。本書を読んでいただければ、高品質とともに、ビックリするような収量をあげるにはどうすればよいかが理解されるはずである。

第1章　果樹の物質生産とはなにか

ここでは、物質生産《ぶっしつせいさん》の物質とはなにか、果樹の物質生産量はどれくらいなのか、物質生産はなにによって左右されているのかなどについて説明したい。

1　物質と物質生産について

(1)　物質は薪と考えればよい

まず、ここでいう物質とはなにかについて述べてみたい。物理で教わる物質は「素粒子およびその結合体で、質量のあるもの、場《ば》を成立させるもの」とされている。哲学では「空間、時間のなかに位置し、大きさ、形、質量および運動の可能性を持つもの」（『広辞苑』）などとなっている。

ここでいう物質は当然これに含まれる概念であるが、もう少し狭い意味に用いる。結論からいえば「薪《たきぎ》」と考えていただければよい。

果実を乾燥させると乾果ができるし、幹や枝を乾燥させれば薪ができる。どちらを燃やしても熱が出て、燃えた後に灰が残る。

これをもう少しつぶさにみると、乾燥させるときは水が水蒸気になって空気中に放出される。燃えるということは、炭水化物が空気中の酸素と結合して、炭酸ガスと水に分解されることで、そのときに熱エネルギーを放出する。同時に、窒素はガスになって空気中に放出される。残った灰はリン、カリ、石灰、マグネシウムなどの無機成分である。

空気中へ放出される炭酸ガスは、もともと空気中に含まれていて、気孔《きこう》から取り込まれ、光合成によって炭水化物になったものである。水は、地中にあったものが根から吸収されたものである。そのほかの窒素やリン、カリなどの無機成分も土壌中から水と一緒に吸収されたものである。

果樹の体には水が含まれているが、含有率は植物の種類や器官などで大きくちがうので、果樹の体を乾燥させたものを物質とよぶ。物質とは薪であると述べたのはこういう理由からである。

(2) 物質はおもに光合成でつくられる

果樹の体を乾燥させた乾果と薪、すなわち物質は光合成によってつくった炭水化物と、根から吸収した無機成分を合成して自分でつくりあげたものだ。それに使われるエネルギー源は、太陽の光である。植物である果樹は、生きていくために必要な物質を自らつくることができるのである。植物のこうした働きのおかげで、現在の地球の生物圏があることはご承知のとおりである（図1―1）。

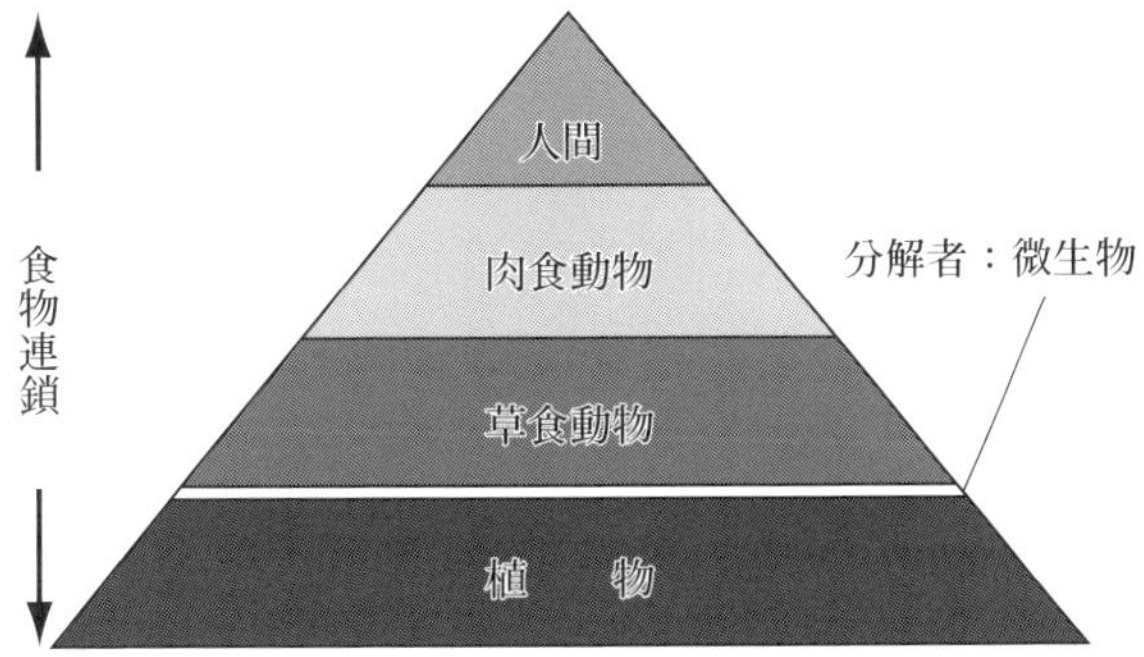

図1－1　地球の生命は植物にささえられている

物質には無機成分も含まれているが、量的には光合成成分すなわち炭水化物由来の物質量が圧倒的に多いので、光合成で生産された炭水化物が多いほど物質の量も多くなる。したがって、光合成生産を基本にして果樹の生育をみていくのが当然ではないだろうか。

地球上の生物圏内の循環をあつかう学問が生態学であり、そのなかで光合成生産をあつかうのが物質生産理論だと考えていただければいいだろう。

(3) 物質の量は重さであらわす

光合成で生産された物質の量は重さであらわす。また、物質生産を考えたり分析したりするときには、単位葉面積・時間当たりの生産量や、単位土地面積・時間当たりの生産量などであらわしている。

単位葉面積・時間当たりの物質生産量とは、1㎡の葉が1時間にどれだけ炭水化物をつくったかということで、Xg/㎡/hrなどとあらわす。このXgというのは炭酸ガスの量で、1㎡の葉が1時間に何グラムの炭酸ガスを吸収したかをあらわしている。つくられた物質の93%は炭酸ガスでできており、物質生産の効率をあらわしていると考えればよい。

また、単位土地面積・時間当たりの物質生産量は、Xt/ha/year（年）などとあらわす。1haの果樹園が、1年間に何トンの物質を生産するかを示している。

葉面積当たりや土地面積当たりの物質生産量がわかると、どうしたら、物質生産を多くすることができるかを検討することができる。また、つくられた物質の何パーセントが果実になったか、どうすれば多く果実に取り込むことができるかなどについても検討することができるようになる。

以上のようなことを研究するのが、果樹の物質生産研究である。この研究によって得られた結果を検討して、高品質果実をつくるのにはどうすればよいか、高品質を前提に最高の収量をあげるにはどうすればよいかなどを数値的に示して、確実に生産できるようにしたのが物質生産理論である。

この研究は緒についたばかりともいえ、これから深めていく必要があるが、これまで解明された事実から、これまでよりも確かな、高品質・多収のための生産理論が導きだされている。それについて述べるのが本書の目的である。

2 食料としての果樹の生産性

(1) 果樹のエネルギー量は低い?

果物は米や麦、野菜と同じように、われわれの食料の一種である。しかも、デザートといわれるだけあって、十分に食事をとった後でも、お腹にはいる食品である。

わが国では長いあいだ食料というより、甘くて適度の酸やかぐわしい香りがあるためか、お菓子などと同じように嗜好品あつかいされていた。しかし、ミネラルやビタミンが豊富で栄養価が高く水分も多いなど、果物は食料として優れものである。

地球上の人口が爆発的に増えており、いずれは食料難になると危惧されているが、エネルギー的に穀物などより劣ると思われているのではないだろうか。太平洋戦争や戦争直後を経験した人は、食料難の時代に果樹をつくるのは非国民といわれたことを覚えておられるだろう。

そういわれたのは、米や芋のほうが食料として優れていると考えられていたためである。人が生きるのに必要なエネルギー(キロカロリー=kcal)の量は、果物は低いと思われていたわけである。はたしてそうだろうか。

(2) リンゴ'ふじ'の生産力は米の2倍

私が行なった果樹の物質生産データから少し計算してみたい。米の反収を玄米で600kgとしよう。これは、わが国の米農家の反収としてはけっこう高いはずである。玄米には12%の水が含まれているから、600kgの玄米の物質量は600×0・88=528kgになる、それを7分づきに精米すると528kg×0・7=369・6kgになる。米は炭水化物だから369・6kg×4kcal=1478・4kcalとなり、食料として水田10aから1年間に約1500kcalのエネルギーを生みだしていることになる。

果樹についてはどうであろうか。私のこれまでのデータでY字形棚仕立て(以後、波状棚仕立てと表現する)のリンゴ'ふじ'を例にあげてみよう。'ふじ'の反収は約6tで、果実の乾物率は14・1%であった。果実乾物重を計算すると6000kg×0・141=846kgになる。リンゴは好きな人なら丸かじりするが、一般には皮をむいて芯を除く。その廃棄率はおおそ15%であるから、食べる重さは物質量で719・1kgとなり、カロリーに換算すると719・1kg×4kcal=2876・4kcalになる。これは、米の約2倍に相当する。

このように、食料としての果樹の生産力は米より高いのが普通である。戦前の政府はまちがった観念で農業生産を統制したことになる。

以上のように、果樹栽培は決して贅沢品をつくっているのではない。人が生きていくためのエネルギー供給のうえでも優れた食料であることに自信をもとうではないか。

3 物質をつくるエネルギーは太陽の光

(1) 光合成と呼吸について

①光エネルギーを化学エネルギーにかえるのが光合成

物質がおもに光合成によってつくられることについて、おさらいの意味でもう少し説明しておきたい。

光合成とは、植物が炭酸ガス（二酸化炭素：CO_2）と水（H_2O）からブドウ糖（グルコース：$C_6H_{12}O_6$）をつくることである。つくられたブドウ糖は、デンプンにかえられて一時葉のなかに貯蔵され、順次しょ糖にかわって樹全体へ転送されていろいろな組織や化合物をつくる。栄養学では炭水化物とよばれているが、太陽の光のエネルギーを利用して、おもに葉のなかにある葉緑素でつくられるのである。

少し化学的に表現すると、下記の式のようになる。

$$6CO_2 + 12H_2O + \text{光エネルギー} = C_6H_{12}O_6 + 6H_2O + 6O_2$$

6個の炭酸ガスと12個の水から1個のブドウ糖を合成して、6個の酸素と6個の水を放出するのである。

これを行なうには、当然であるがエネルギーが必要で、太陽の光エネルギーが利用される。太陽の光エネルギーをブドウ糖という化学エネルギーに変換したということである。

もう一つ重要なのは、このときに酸素を放出することである。いうまでもなく、酸素がなければ生物は生きられないので、きわめて重要であるが、この酸素は水の分子に由来するとされている。

②閉じ込めたエネルギーを使うのが呼吸

植物は、光合成によって地球外からくる太陽の光エネルギーをブドウ糖（物質）のなかに閉じ込め、その閉じ込めたエネルギーを使う反応が呼吸である。呼吸によって、植物は生長することができるのである。呼吸の化学式は次のとおりである。

$$C_6H_{12}O_6 + 6H_2O + 6O_2 \rightarrow 6CO_2 + 12H_2O + \text{化学エネルギー (ATP)}$$

呼吸によって、光合成で物質のなかに閉じ込めた光エネルギーを、化学エネルギーにして利用しているのである。植物は、その化学エネルギーで物質と根から吸収した養水分を化合させて、デンプン、タンパク質、脂質、遺伝子、ホルモン、繊維など樹体を構成する器官や、生命活動を行なういろいろな化合物をつくっている。

③生産と分配、呼吸による消費の関係

図1―2に、物質生産と器官別の分配、呼吸消費について示した。果樹が光エネルギーを利用して光合成でつくった物質の総量を「総生産量」という。総生産量がその

まま物質として残ることはない。なぜなら、物質をつくるためにはエネルギーが必要で、そのためにつくった物質を消費するからだ。それを「構成呼吸」という。それ以外に、生命を維持するためにも呼吸しており、それを「維持呼吸」という。

したがって、物質として残るのは、総生産量から呼吸量（構成呼吸と維持呼吸）を差し引いた量であり、これを「純生産量」という。生態学的な意味では本書でいう「物質」は純生産量のことである。

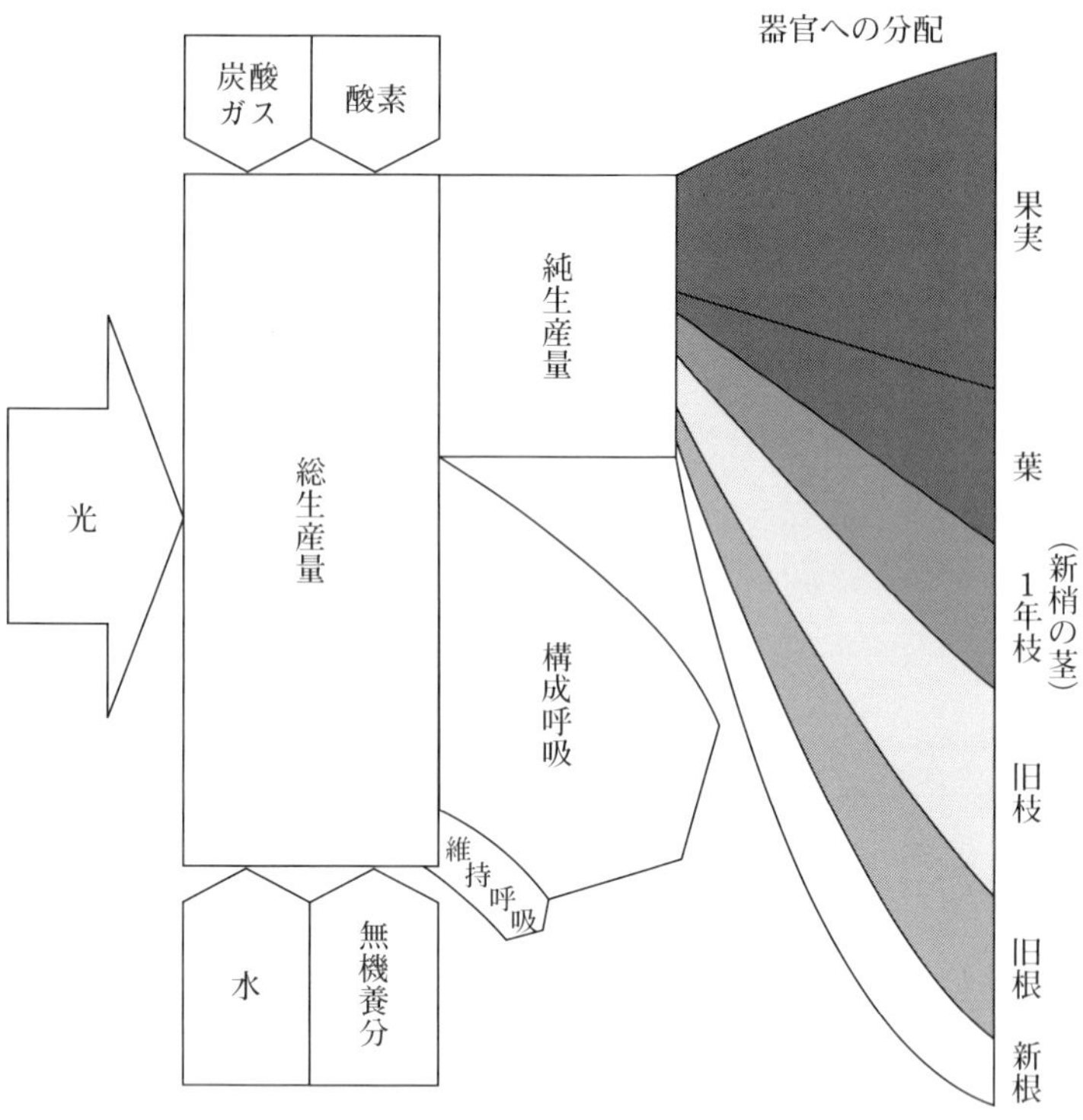

図1−2　果樹の物質生産と分配、呼吸消費（模式図）

光合成でつくられた物質は、果樹の生育にとって必要なところへ分配され、果実、葉、1年枝（新梢《しんしょう》の茎）、旧枝《きゅうし》、旧根《きゅうこん》、新根などになる。そのために必要なエネルギーも、構成呼吸によって物質から取り出されるのである。

(2) 光の強さと光合成の関係

①光が強くなるほど光合成は盛んになる

光合成は、光エネルギーを炭水化物という化学エネルギーに変換する作用だから、光のない夜は光合成を行なわない。しかし、生命活動のために呼吸はしている。昼間につくった物質を消費しているわけである。

翌朝、太陽が昇ると光合成が始まるが、光が弱いうちは光合成生産量より呼吸による消費量が多いため、物質生産収支はまだマイナスである。なお、呼吸による消耗を除いた光合成生産を「みかけの光合成」とか「みかけの光合成速度」という。

図1—3は、キウイ、リンゴ、ナシ、ブドウ、カキの光の強さと光合成速度の関係をあらわしたものである。この図の光合成速度とは、100㎠の葉が1時間（1hr）に取り込んだ炭酸ガスの重さで示されている。これが大きいほど光合成が盛んであり、物質を多くつくっているのである。

図1—3では右にいくほど光が強くなっていて、それにしたがって光合成速度が大きくなっていることがわかる。

②光が強すぎても光合成は増えない

果樹の種類によって光合成速度にちがいはあるが、全て光が強くなるにつれて光合成速度は大きくなっている。このように、果樹の物質生産は光が強いほど盛んになるのである。

ところが、そのうち光が強くなっても光合成速度は停滞しはじめ、キウイを除く果樹は、ほぼ5万lx（ルックス）で頭打ち状態になっている。このように、落葉果樹は光が強くなるにつれて光合成は多くなるものの、晴天時の光の強さ（10万lx程度）のほぼ半分で限界になって増えなくなる。この点を「光飽和点」とよんでいる。

また、光が弱いと物質生産収支ではマイナスだが、光が強くなるにしたがって多くなり、ある明るさになると光合成による生産量と呼吸による消耗量が同じになり、収支がゼロになる。その点を「光補償点」とよび、それ以後はプラスになって物質生産は増えるのである。

以上は、光がよく当たるところにある1枚の葉についての法則であり、群がってついている葉の場合は別の法則がある。

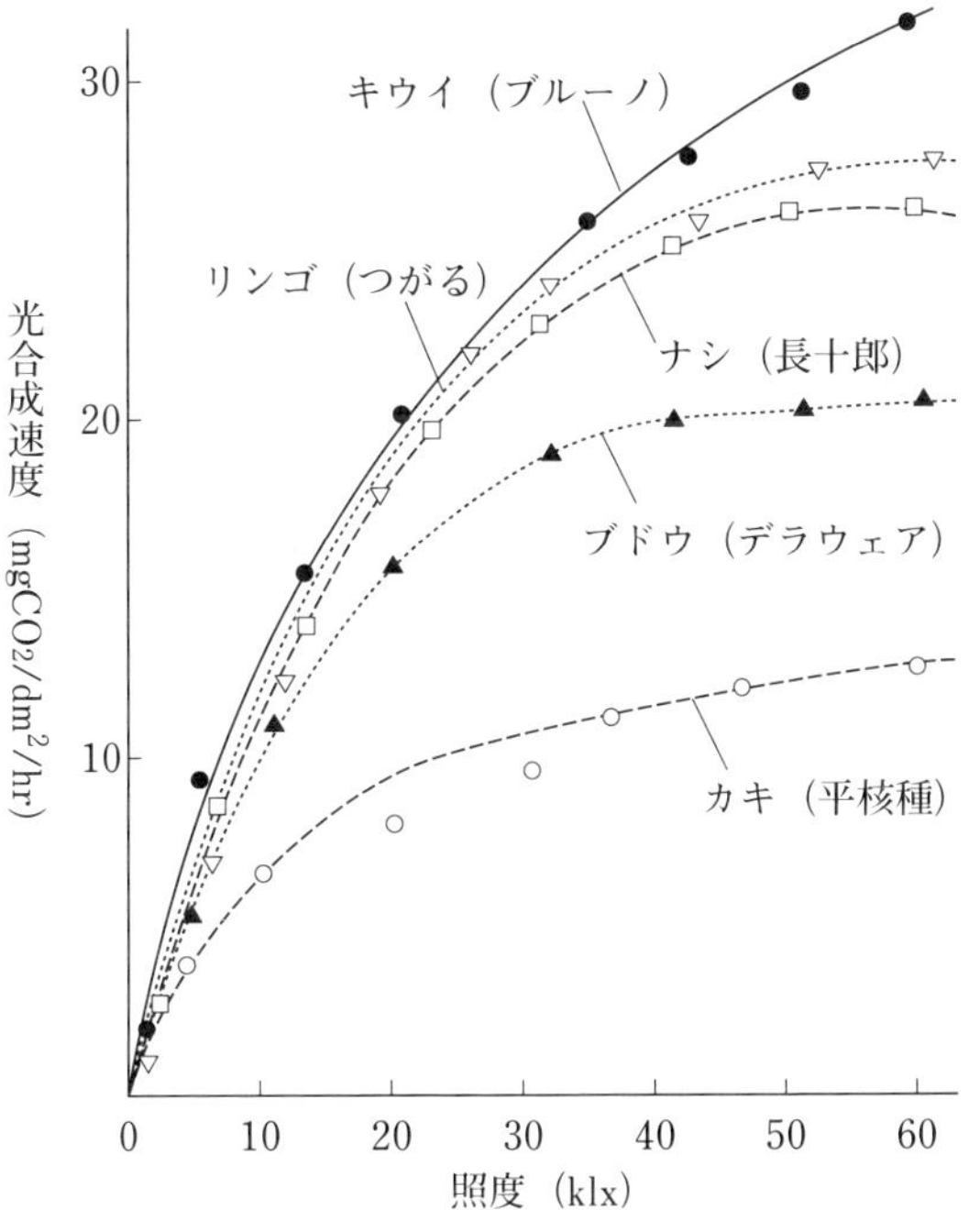

図1−3　数種の果樹の光合成曲線（鴨田ら、1986）

③かなり広い範囲の光を利用している

表1―1に8種類の落葉果樹の光合成特性を示した。光補償点は200～500lxで、400lxが最も多くなっている。400lxは20Wの蛍光灯から60cm、70Wだったら110cmくらい離れた位置の明るさである。

われわれの感覚で400lxといえば、読書するのに十分な明るさだが、晴天の日の明るさの100分の1以下にすぎない。森林にはいると太陽の光はさえぎられて、昼間でも暗く感じるが、地面にはけっこう植物が育っている。このように、植物はかなり幅広い範囲の光を利用しているのである。

④葉は層になって光を受けとめ利用している

光飽和点についてみると、4万～6万lxが多く、5万lxくらいが平均値である。5万lxといえば、よく晴れた日中の光の強さのほぼ半分である。これは、1枚並びの葉では晴れた日の太陽光を半分しか利用できないということを意味している。だから、植物の葉は1枚並びではなく、層になっているのである。

一番上層の葉で受けとめきれなかった光を、2層、3層の葉で受けとめているのである。それでは重なりぐあいはどうかということになるが、それについては後出の「5　葉のつき方と密度――受光態勢」でくわしく述べたい。

(3) 炭酸ガスと光合成の関係

①炭酸ガスは光合成の基本的な材料

ここでは、光合成の材料である、炭酸ガスの濃度と光合成生産との関係についてみ

表1－1　各種落葉果樹の光合成特性　　（鴨田ら、1986）

樹種	品種	光補償点 (lx)	光飽和点 (klx)	最大光合成速度[1]	暗呼吸速度[1]	比葉面積[2] (cm^2/g)
リンゴ	ふじ	300	50	17.5	1.0	109
	つがる	400	50	25.8	2.6	99
ブドウ	巨峰	400	48	18.6	1.1	146
	巨峰（ガラス室）	300	40	17.2	1.0	148
	ネオマスカット	400	48	19.0	0.6	148
	キャンベルアーリー	400	50	22.7	1.6	252
	デラウェア	300	48	20.4	0.4	174
ニホンナシ	二十世紀	500	48	17.8	1.6	95
	長十郎	400	50	24.6	0.9	109
	幸水	300	50	21.3	0.6	108
	幸水（ハウス）	300	40	15.1	1.0	145
	豊水	400	48	16.7	1.5	116
セイヨウナシ	バートレット	400	53	26.7	2.3	103
	シルバーベル	300	54	19.1	2.1	84
カキ	富有	300	40	20.0	1.0	112
	平核無	400	60[3]	11.2[4]	1.2	83
モモ	白鳳	200	40	25.0	1.5	145
	白桃	300	40	19.0	1.5	133
オウトウ	佐藤錦	400	40	14.1	1.2	116
	ナポレオン	400	45	18.4	0.8	116
キウイフルーツ	ヘイワード	400	60[3]	18.9[4]	1.4	107
	モンティー	400	60[3]	19.5[4]	1.3	85
	ブルーノ	400	60[3]	29.6[4]	1.5	104
	アボット	300	60[3]	14.2[4]	1.5	98
	アマチュア	400	40	16.9	1.4	113

注）1. 単位$mgCO_2/dm^2/hr$
2. 比葉面積は乾物1g当たりの葉面積
3. 60klxで光飽和状態に達しなかったもの
4. 照度60klxでの光合成速度

ていきたい。

炭酸ガスは大気中に含まれており、地球温暖化のおもな原因ときらわれている。最近、濃くなったとはいえ空気中には0・04％しか含まれていない。この低い濃度の炭酸ガス（CO_2）に含まれている原子（C：炭素、O：酸素）が、光合成で生産された物質の重さのほとんどをしめており（ブドウ糖の93％）、人を含めて生物の生存を保証する重要な物質である。だから、温暖化ガスとしてのマイナス面だけをいうのは一面的である。

炭酸ガスは、光合成の基本的な材料であり、その濃度が光合成速度に影響するであろうことは、容易に想像できるだろう。

②濃度が高いほど光合成は促進される

炭酸ガス濃度をいろいろかえて、ブドウの光合成速度をみたのが図1―4である。

これをみると、光の強さと光合成の関係に似ていて、いずれの炭酸ガス濃度でも光が強くなるにつれて、光合成が盛んになることは同じである。そして、同じ光の強さでは、炭酸ガス濃度が高いほど光合成速度が大きくなっている。

空気中に含まれる炭酸ガス濃度は、現在４００ppm（０・０４％）くらいだから、この実験では３９１ppmがそれに相当する。そのみかけの光合成速度は、５万～６万lxで約14 $mgCO_2/dm^2/hr$である。それに対して、炭酸ガス濃度が２倍の１０００ppmになると、約25 $mgCO_2/dm^2/hr$と２倍近くになった。このように、光の強さが同じなら炭酸ガスの濃度が高いほど光合成速度は大きくなるのである。

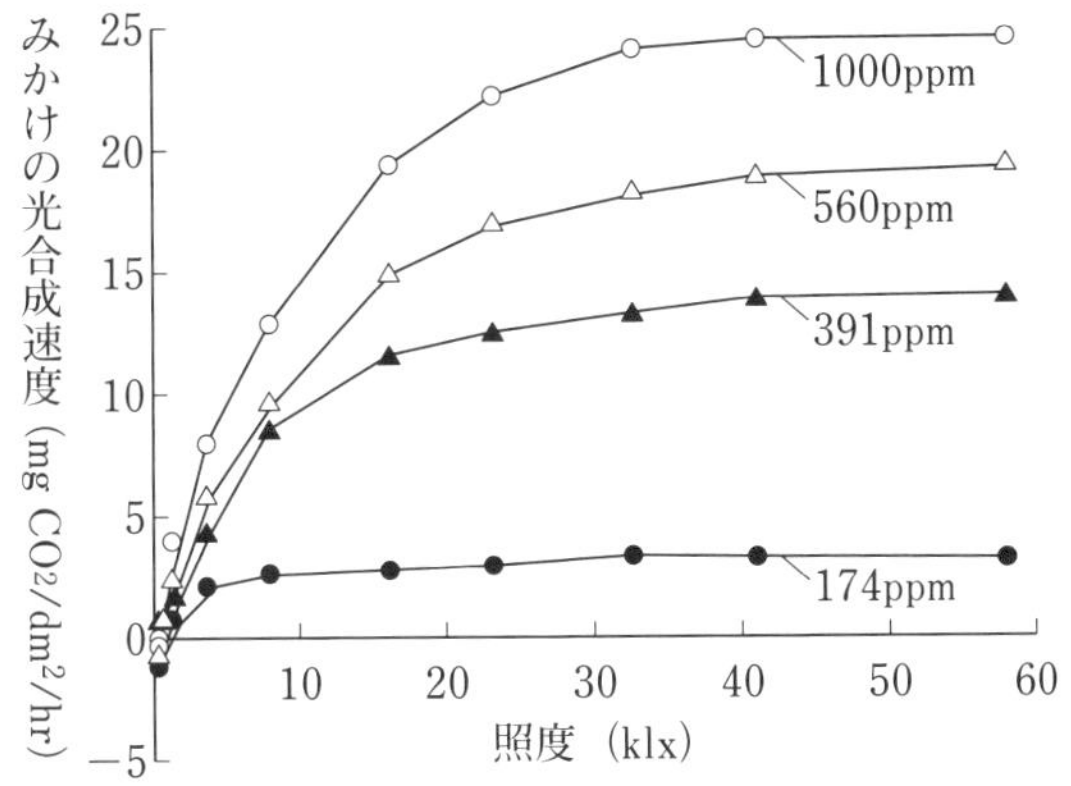

図1－4　炭酸ガス濃度と照度とブドウ'巨峰'の光合成速度　（山本ら、1990）

また、炭酸ガス濃度にも「飽和点」があり、１５００～３０００ppmだといわれている。

一方、炭酸ガス濃度が１７４ppmと、空気中の濃度の半分に減ると、約３$mgCO_2/dm^2/hr$と４分の１に減っている。このように、炭酸ガスの濃度にも「補償点」があり、ある濃度以下になると光合成はゼロになる。

また、光合成曲線の立ち上がりに注意してもらうと、炭酸ガス濃度が高いほど光補償点は低くなり、光が弱くても光合成を多く行なうことができる。

③濃度を高めて品質、収量をアップ

●炭酸ガスの施用

以上が炭酸ガスと光合成の関係であるが、これを実際栽培にどう役立てるかである。ブドウの超早期加温栽培や早期加温栽培では、曇天や雪の寒い日にＬＰＧや白灯油の燃焼ガスをハウス内に放出する技術が確立されている。炭酸ガス施用といい、燃焼ガスには炭酸ガスが多く含まれている。

こうして、曇りの天気がつづいても、晴れの日の多い作型と大差なく、高品質果実の収量を高めている。なお、炭酸ガスの施用は、温室メロンや植物工場ではあたりまえの技術として使われている。

露地栽培でも炭酸ガス濃度が高くなると、果実の品質がよくなるという研究結果が報告されている。

●有機物を十分に施用する

果樹園に樹皮や堆肥を多量に敷きつめると、果実の品質がよくなり収量が多くなったという事例はよくみかける。

その原因は、おもに肥料養分の効果にあると考えられている。もちろんそれは正しいが、園内の炭酸ガス濃度が高くなったことも原因の一つだと思っている。

樹皮だろうと堆肥だろうと物質は小動物や微生物によって分解されて無機成分になり、果樹に吸収される。そのとき、必ず炭酸ガスが発生する。有機物が多ければ炭酸ガスも多く出るから、それだけ多くの炭酸ガスが果樹の光合成に利用されると考えられるからだ。

●人がはき出す炭酸ガス

また、果樹園の入り口付近はよい果実ができやすいともいわれる。果樹をよく観察できるからだと考えられているが、果樹園に足をはこぶ人がはき出す炭酸ガスの影響もあると考えている。

　なぜなら、健康な大人は1日に、ビールの大ビン９００本分の炭酸ガスをはき出すという。この約５７０ℓの炭酸ガスを空気と同じ濃度に薄めると、10ａの果樹園なら１・４ｍの高さまでたまることになる。人の歩く範囲は狭いし、果樹に近づくのだから、光合成に好影響を与えてもおかしくないだろう。

④水も光合成の重要な材料

　なお、水も光合成の重要な材料なので、乾燥しすぎないように管理しなければならないのは当然である。また、土壌が乾燥しすぎると、気孔《きこう》を閉じるため炭酸ガスが吸収できなくなる。

⑤肥料養分も重要

　光合成は葉のなかにある葉緑体で行なわれる。そこにはいろいろな化合物があり、化学反応が盛んに行なわれ、窒素、リン、マグネシウムなどがかかわっている。したがって、肥料養分が十分供給されている必要があり、炭酸ガスや水と同じように光合成の必要条件である。

４　光合成の材料は気孔と根から

　光合成の材料は、炭酸ガスと水だということは述べたとおりだが、どこから取り入れるのだろうか。炭酸ガスは葉の裏にある気孔から、そして、水は新根から取り込まれる。

(1) 物質の９割は炭酸ガス

　光合成でつくられるブドウ糖は、６個の炭素(Ｃ)、12個の水素(Ｈ)、６個の酸素(Ｏ)からなっている。炭素と酸素は、炭酸ガスからもらったものであり、水素は水からもらったものである。

　ブドウ糖の分子量は１８０だが、炭素と酸素を合わせた原子量は１６８であり、残りが水からもらった水素の12である。したがって、ブドウ糖にしめる炭素と酸素の比率は93％となる。すなわち物質(ブドウ糖)の９割は炭酸ガスからできているということになる。

　食料のほとんどは植物の物質生産によってつくられており、その原子のうちの９割が炭酸ガスからできていることを考えると、人間は炭酸ガスを食べて生きているということができる。

(2) 炭酸ガスは気孔から

　さて、このように重要な炭酸ガスは、葉の裏にある気孔から取り込まれる。気孔は目ではみえないほど小さい。ブドウの葉を例にとると、１㎟（１ミリ四方）の葉に１５０個もある。１００㎠の葉には、１５０万個もあることになる。この気孔は植物が自在に開け閉めできる（図１―５）。

　気孔のほとんどは葉にあり、葉の表側に多い種類と裏側に多い種類がある。果樹では、葉の表はクチクラ層に覆われて水の蒸発を防ぐようになっているので、裏側に多いようである。ちなみに、ブドウは葉の表にはなく裏だけにある。

気孔の働きは、炭酸ガスや酸素を含む空気と水蒸気の吸排出である。これらの仕事をするには、気孔が開かなければならない。気孔の開閉は、光に反応して行なわれ、光合成が始まる朝に開き、夜に閉まるのである。

気孔は光だけではなく、温度、湿度、風、土の湿りなどにも反応する。葉は温度が高くなりすぎると枯れてしまうので、気孔を開いて水を蒸発（蒸散）して、気化熱で葉の温度を下げて高温障害を防ぐ。自動車のラジエーターと同じだ。

土が乾燥しすぎて水分が不足すると、葉からの蒸散をおさえるために気孔を閉じる。

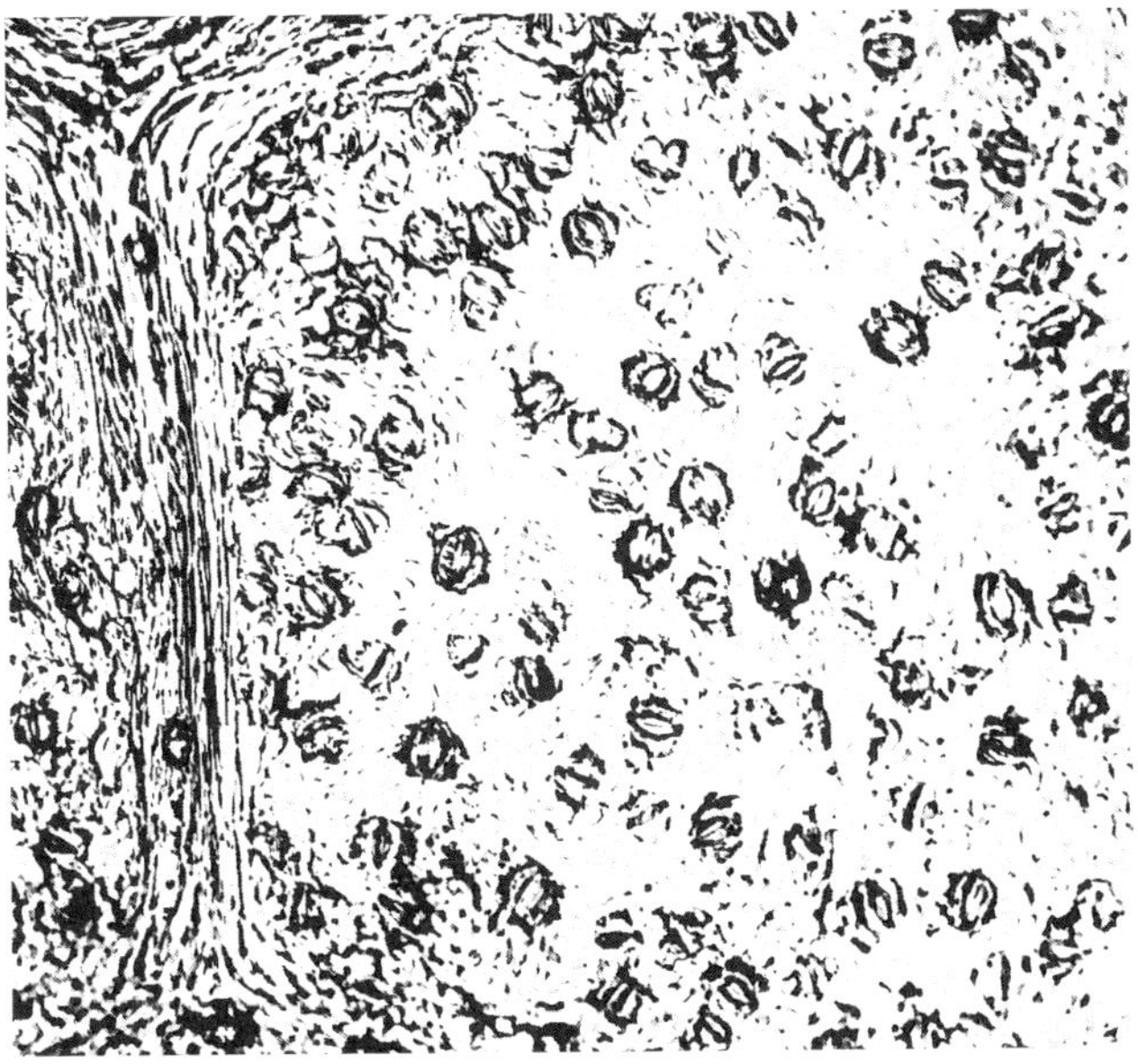

図1−5　ブドウの葉裏にある気孔

(3) 弱い風は光合成を促進――風の功罪

①風は新鮮な空気を素早く気孔にはこぶ

風があると、洗濯物がよく乾くように、葉からの蒸散量が多くなる。蒸散量が多くなると、水の供給が追いつかなくなる。そうなると葉が枯れるので、気孔を閉じて対処する。

気孔を閉じれば葉温が高くなって、葉が枯れるのではないかと思われるかもしれないが、そこはよくしたもので、風が熱を逃がすのでそんなに高くならない。

炭酸ガスが気孔に取り込まれると、その周辺の空気中の炭酸ガス濃度は当然低くなる。それを補うのは拡散だが、拡散による炭酸ガスの移動は遅い。新鮮な空気を素早く気孔にはこびこむのは風である。

これまでの研究では、風が強くなるほど光合成は多くなるが、風速が50㎝／秒のときに最高になり、それをすぎると強くなるほど少なくなる。

しかし、トウモロコシ畑のように葉が密生していると、光合成が最高になるのは風速が2・5m／秒くらいだという。葉が密生していると風通しが悪くなるからだ。

②風速3m／秒以上になるとマイナスに作用

私が行なったナシやブドウの実験では、風速が3m／秒になると、光合成は減少する。ナシでは半分以下になった。風が強くなると、洗濯物が早く乾くように蒸散が多くなって葉が枯れるので、乾燥を防ぐため気孔を閉じる。そのために、炭酸ガスの取り込みが不足するのである。

果樹の光合成にとって風には功罪があり、弱い風は光合成を促進するが、風速が3m／秒くらいを超えると光合成量が減る。風の強い地帯の防風施設は、樹体の損傷を防ぐだけでなく、光合成を増やすうえでも重要なのである。

また、ハウス栽培では、反対に炭酸ガスを十分に含んだ新鮮な空気をいれるため、換気をこまめに行なう必要がある。

5 葉のつき方と密度 ―受光態勢

これまでは、おもに1枚の葉の光合成について述べたが、果樹園の葉は群がってついている。1枚並びでは太陽光を十分に利用できないことは前述したが、ここでは効率的に物質生産を行なうための葉の密度、つき方などについて述べる。

(1) 枝への葉の配列 ―葉と葉が重なり合わない仕組み

①葉は一定の秩序で配列されている

果樹の葉は無秩序についているのではなく、一定の秩序で配列している。枝につく葉の配列のしかたを葉序《ようじょ》とよんでいる。

果樹では、新梢の各節に1枚の葉がつくのが普通である。ブドウのように交互に180度ずつずれて葉がつくのを1／2互生《ごせい》葉序という（図1―6）。また、ナシ、リンゴ、ミカン、イチジクなど、おもな果樹の葉は144度ずつずれてつき、6枚目で重なり合う。こういうのを2／5互生葉序という（図1―7、図1―8）。

図1－6　1/2互生葉序のブドウ（‘デラウェア’の新梢）

このように、果樹の葉は前後や上下にある葉と重ならないようについている。

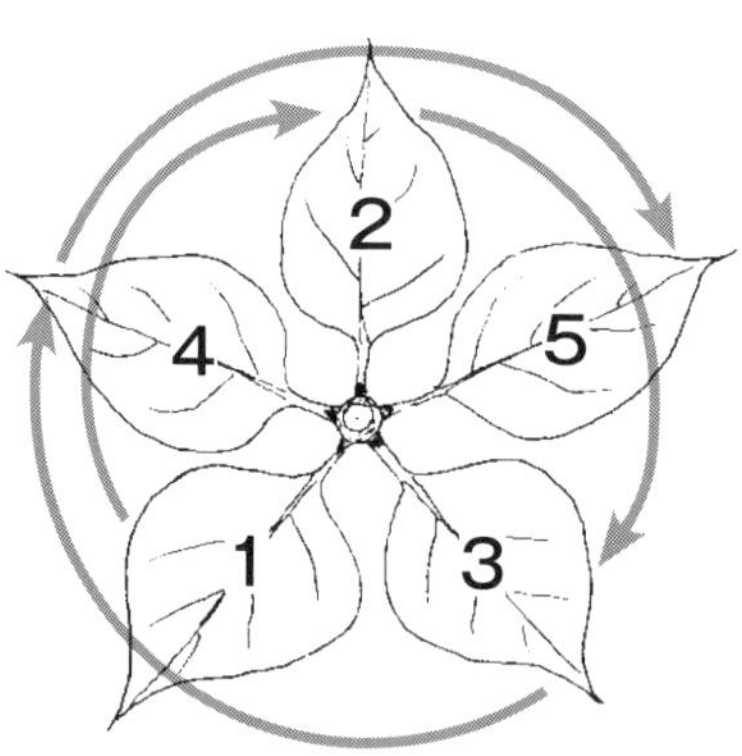

図1－8　2/5互生葉序のリンゴ新梢を真上からみた図

葉は下から上へ右回りに2回転するあいだに5枚出る。上と下の葉が重ならないようにしている

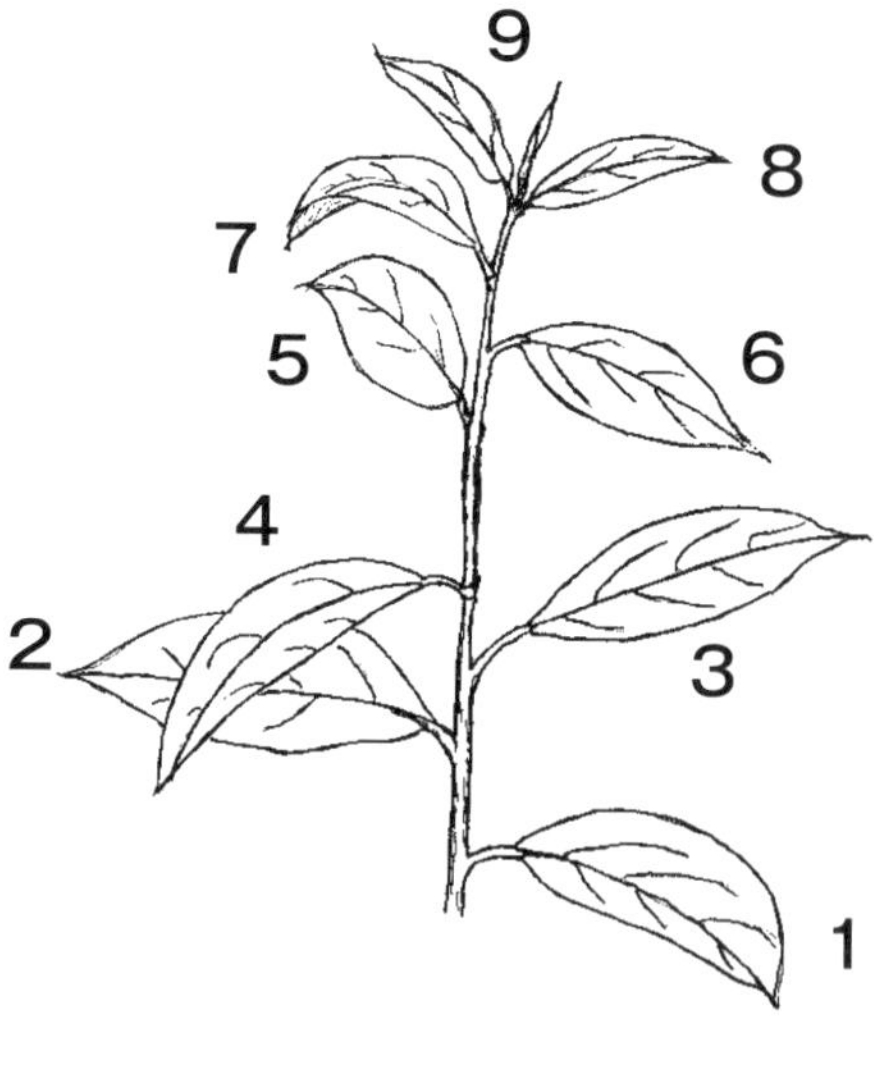

図1－7　2/5互生葉序のナシ新梢

②葉のつく間隔と大きさもちがう

さらに、葉のつき方を別な観点から観察すると、新梢によっては葉のついている間

隔がちがう。枝の基部のほうは葉の間隔が狭くて密生しており、先にいくにしたがって間隔は広くなる。そして、先端に近くなるとまた狭くなっていく。

節間長と葉の大きさは比例しており、着葉間隔が狭いほど葉は小さく、節間が長く着葉間隔が広いほど大きな葉になる（図1—9）。これも、葉が重なり合わないためと考えられる。

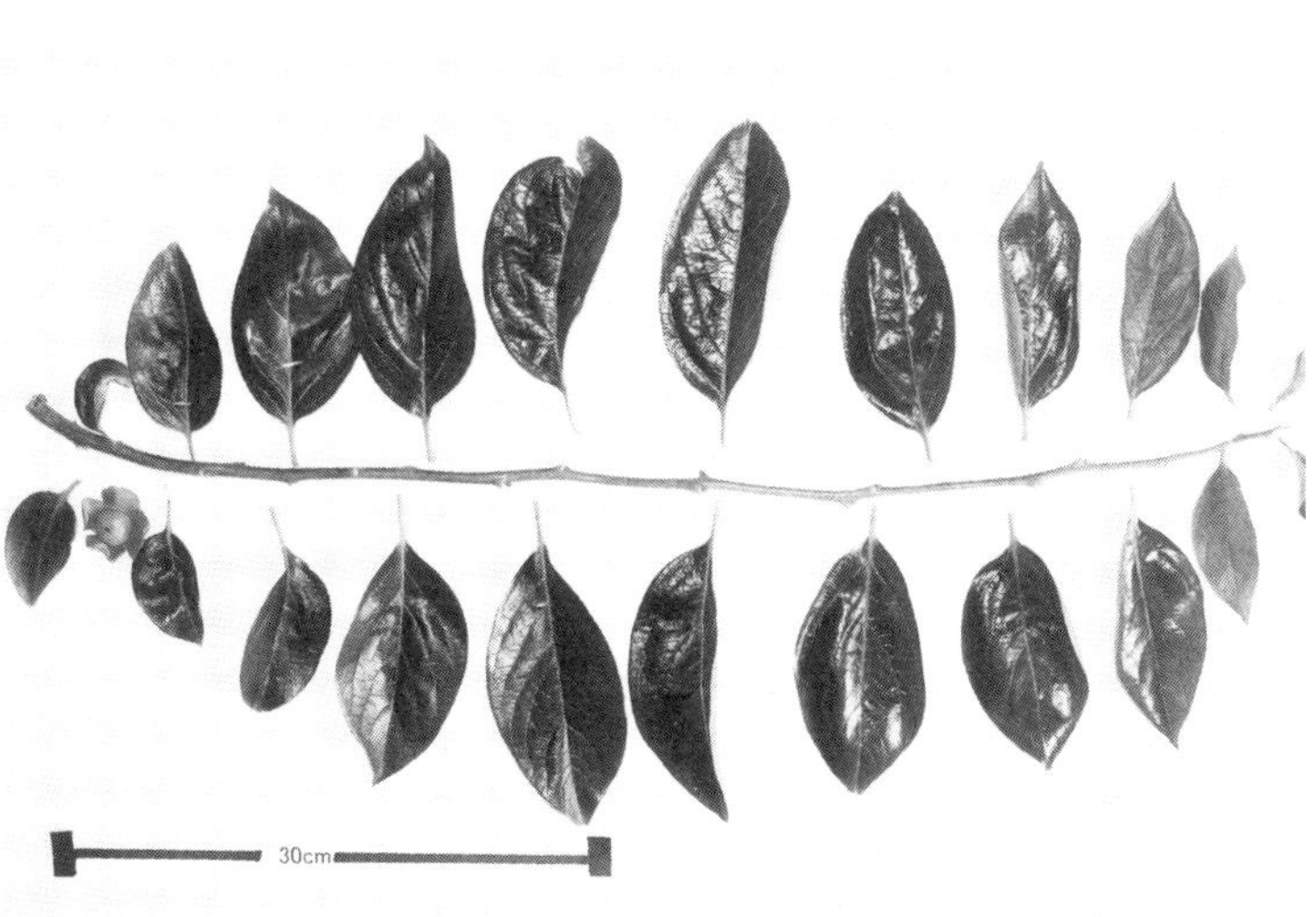

図1—9　カキ‘富有’の結果枝

図1—10　リンゴ‘ふじ’の水平枝（左）と垂直枝（右）

③垂直枝と水平枝では葉のつき方がちがう

垂直に伸びる新梢と水平に伸びる新梢では、葉のつき方がちがう。図1—10はリンゴ‘ふじ’の新梢でほぼ同じ長さであるが、左が棚の下で水平に出ている水平枝であり、右は太い枝から真上に伸びている垂直枝である。日当たりにある垂直枝は茎が太く、葉は小型で厚く枚数も多い。一方、日陰にある水平枝は、茎が細く節間は長いので葉の枚数は少なく、大きくて薄い。

葉は物質生産の工場というべき器官なので、このように光を効率よく取り入れるため、お互いに重なり合わないように、あるいは葉を薄くして大きくするなどして適応しているのである。

④新梢の基部で葉が密生している理由

新梢の基部で葉が密生しているのは、葉の出る時期が消費再生産期（前年の貯蔵養分で生長する時期、第3章1—(1)—①項参照）なので、貯蔵養分の消費量を減らすためではないかと考えられる。

拡大生産期（物質生産が最も盛んな時期、第3章1—(1)—②項参照）にはいると、節間は長くなり葉は大きくなるが、物質生産量が十分あるからできるのであろう。そして、新梢停止期が近づくにつれて、節間は短く葉は小さくなるのは、生長の法則である。

(2) 自然樹、自然林の葉のつき方

ブドウの物質生産研究の結論として、平棚栽培は優れた栽培法であると発表したころに、果樹の受光態勢について議論になったことがある。果樹の光合成が効率よく行なわれるには、開心自然形のように樹が立体的でなければならないという意見が多数だった。おそらく今でもそう思っている方が多いと思う。

ここでは、果樹の樹形は平面的が有利であるという理由について説明したい。このことを深く理解してもらうのが、本書の目的だともいえる。そのために、まず、森林の葉はどのように配置されているのかについてみていこう。

①自然樹、自然林の樹冠は平面的

●単独樹はどこからの光も受けられる

まず、樹木が単独で伸びている場合についてみよう。図1―11は、落葉広葉樹のエノキと常緑広葉樹のアラカシの単独樹の写真である。樹冠は円形か半円形をしており、東西南北上下どこからの光も受けることができる。

ただちがうのは、葉の密度で、常緑樹のほうが落葉樹より高い。しかし、立木仕立てで栽培している果樹の主枝や亜主枝のように、樹冠から飛び出た大きな枝はみられない。

●自然林の樹冠は棚仕立てと同じ

図1―12は、成熟した自然林の樹冠を横方向からみたもので、左がクヌギなどの落葉広葉樹林、右はスダジイの常緑広葉樹林である。樹冠は、あたかも棚仕立ての果樹のように、ゆるく波打ってほぼ平面で、飛び出し枝はみられない。このように、成熟した自然林の樹冠は、なだらかな平面になっている。

いずれの場合も、樹冠に空きはみられず、葉はほぼ均等に分布している。このように成熟した自然林の樹冠は、果樹の棚栽培の樹冠によく似ているのである。

もちろん、果樹は放任栽培ではなく、人の手を加えるところに意義があるのだから、自然に合わせるのが正しいとはかぎらない。しかし、反収を高める観点からみて自然の姿はたいへん合理的にみえる。

なぜかといえば、反収を高めるには物質生産を高めると同時に、果実への分配を高める必要があるからだが、これについては次の「6　栽植密度はどの程度がいいのか」でくわしく述べる。

②落葉広葉樹と落葉果樹の葉面積指数《ようめんせきしすう》は同じ

●葉の重なりのことを葉面積指数という

葉面積指数とは、全葉面積をその土地の面積で割った値である。葉面積指数1は、その土地に葉が1枚ずつすき間なしにならぶということで、3は3枚、4は4枚の葉がすき間なく重なってならぶということである。

英語はLeaf Area Indexなので、LAI《エルエーアイ》と略されて使われることも多い。

なお、のちほどくわしく説明するが、果樹を含めて植物には最も効率よく光合成が行なわれる葉面積指数があり、それを最適葉面積指数とよんでいる。

●落葉広葉樹の葉面積指数は3～5

自然では、樹木が独立状態のまま年を経

図1－11　自然樹の樹形
落葉広葉樹（エノキの独立樹形）(左)
常緑広葉樹（アラカシの独立樹形）(右)

図1－12　自然林の樹冠
落葉広葉樹林（クヌギなど）の樹冠（左）
常緑広葉樹林（スダジイ）の樹冠（右）
波打った平面をしており、突出した枝はみられない（島根県出雲市馬木不動尊の自然林）

るのはまれで、密集して森林になる（「森の生態」只木良也著　共立出版　表4―1）。森林生態学によれば、1haの森林には、乾燥した葉の重さ（葉の乾物重）が落葉広葉樹で平均3t、常緑広葉樹が9t、常緑針葉樹は16tあるという。

落葉果樹のデータから葉面積指数1の葉の乾物重（乾燥した重さ）を計算すると、10a当たりブドウで72kg、カキは75～97kg、リンゴは76～95kg、モモ83～87kg、イチジク95～134kg、クリ70～91kgなどである。これらの値から計算すると、10a当たりの葉の乾物重が300kgあれば、葉面積指数にして3～4程度になる。ただし、後述するように小型の葉を持つ果樹では5くらいである。

こうみると、落葉広葉樹林の葉の乾物重1ha当たり3t（10a当たり300kg）は、落葉果樹の葉量と大きなちがいはない。

落葉広葉樹林（鳥取県大山三ノ沢ブナ林）
下生えはけっこうある

常緑広葉樹林（島根県出雲市馬木不動尊のスダジイ）
下生えは少ない

図1－13　自然林を下からみた樹冠

●常緑広葉樹の葉面積指数は5以上

図1―13は、左が鳥取県大山三ノ沢のブナ林、右は出雲市の馬木不動尊のスダジイ自然林で、その樹冠を下から撮影したものである。

落葉広葉樹のブナは、樹冠が明るく下生えがけっこうあり、歩きまわるのは困難だった。推定葉面積指数は3～4程度と判断できた。一方、常緑広葉樹のスダジイは、樹冠が暗くて下生えは少なく歩きやすかった。推定葉面積指数は5以上ではないかと判断した。

③葉の大きさと動きやすさも重要

もう一つ葉面積指数を判断するうえで考えるべきことは、葉の大きさや動きやすさなどである。ここでは、くわしくは述べないが、自然林の観察はスギ、ヒノキ、孟宗竹林についても行なった。スギやヒノキは、葉が貯蔵器官になっているため、落葉樹と同じようには比較できないが、孟宗竹の場合は比較対照になるのではないだろうか。

勢いの強い孟宗竹林の葉面積指数は、きわめて高く10を超えていると考えられた。下生えはまったくみられず非常に暗かった。しかし、孟宗竹の葉は細長くて小さく薄くて軽いため、わずかな風でもよく動くので、木もれ日が樹冠深部まで到達するのである。そのために、葉面積指数が高いと考えられた。

この考えが成り立つとすれば、葉の大きいブドウより、小さいリンゴやモモの最適葉面積指数は高いのではないかと考えられる。

(3) 最も効率のいい葉の重なりはどの程度か

①最も効率のいい葉の重なりが「最適葉面積指数」

光合成生産は光が強くなるほど多くなるが、ほとんどの果樹では葉が利用できる光の強さに限界があり、晴天日の半分くらいしか光を利用できないことは前述したとおりである。そのため、葉が重なっていて、強すぎる光を集団で受けとめようとしているのである。

そうかといって、重なりすぎると下の葉に当たる光が少なくなる。そうなれば、光

②地面の葉陰　①棚面の明るさ

葉面積指数2

葉面積指数3

葉面積指数4

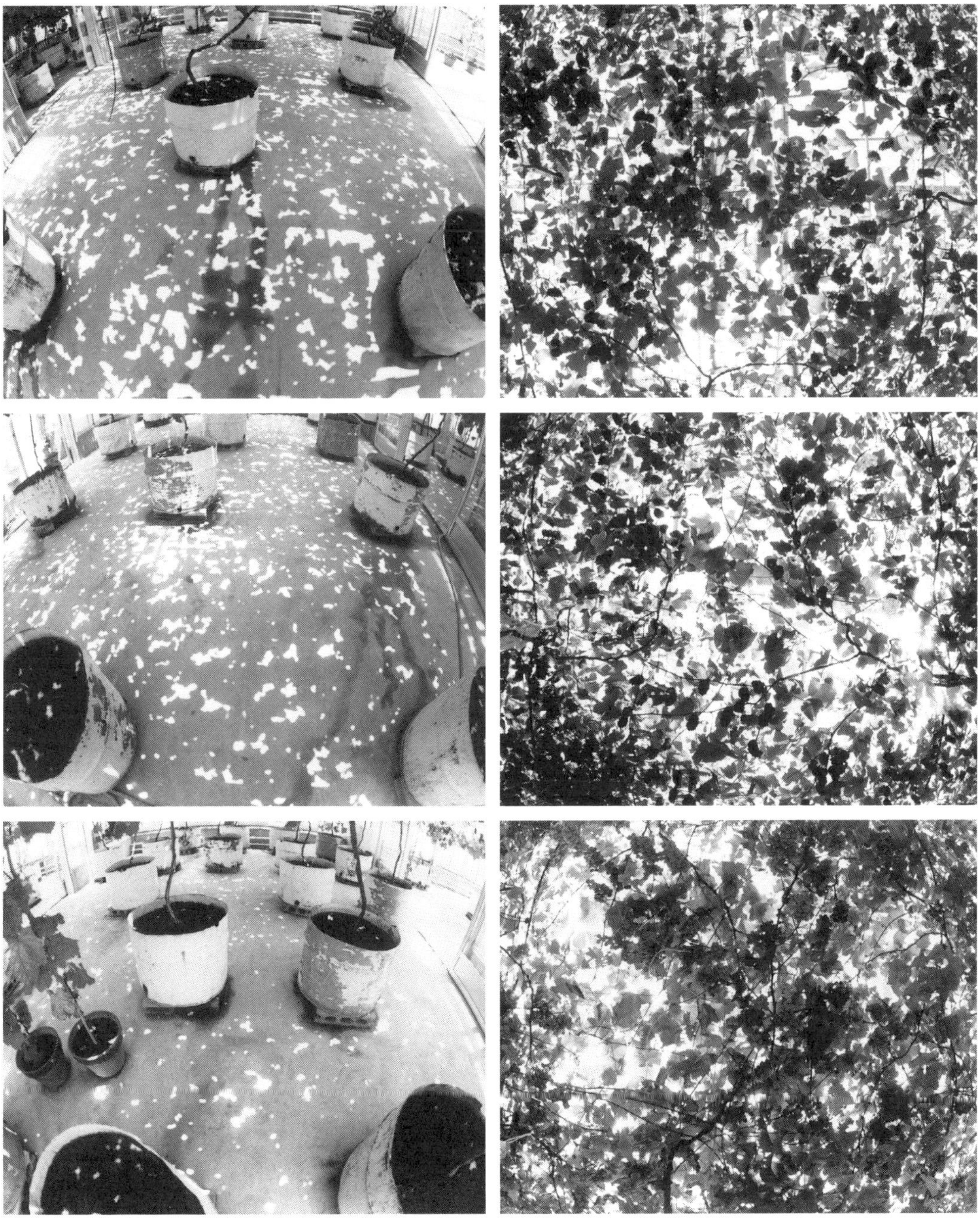

図1－14　ブドウの葉面積指数と棚面の明るさと地面の葉陰

合成生産より呼吸消費が多くなる。そう考えると、果樹にとって最も効率よい葉の重なりがあるはずである。生態学では「最適葉面積指数」とよぶ。それでは、果樹の最適葉面積指数はいくらだろうか。イネなど1年生作物では、かなり研究されているが、果樹ではきわめてかぎられている。

②ブドウの調査から

●最適葉面積指数は3前後

そこでまず、ブドウで行なった実験について説明したい。方法は、葉面積指数のちがうブドウの棚下に、鉢植えのブドウを持ち込んだ。そして、ブドウの棚下で鉢植えのブドウの物質生産を測定し、上の棚の葉面積指数との関係を調べた。

さらに、ガラス室に鉢植えのブドウを持ち込み、葉面積指数のちがいと果実生産力を測定した。その結果、ブドウの最適葉面積指数は3前後であると結論づけることができた。

当然、最適葉面積指数は光の強さによって変化するが、3という数字はわが国の標準的な地域でのブドウ園での値である。

●葉面積指数3でも樹冠はかなり明るい

図1―14は、ドラム缶を半分にした鉢で育成したブドウを一定面積のガラス室にいれ、鉢の密度をかえることによって葉面積指数を調節したときの、樹冠と地面の写真である。太陽が真上にある6月6日の12時に、棚下から写したものである。

地面に写る陰をみると、葉面積指数3であっても木もれ日がけっこうあり、樹冠はかなり明るいことがわかる。こうしたことから、ブドウの最適葉面積指数を3と提唱したが、農家での実証もしており、実際栽培で取り入れられているようである。

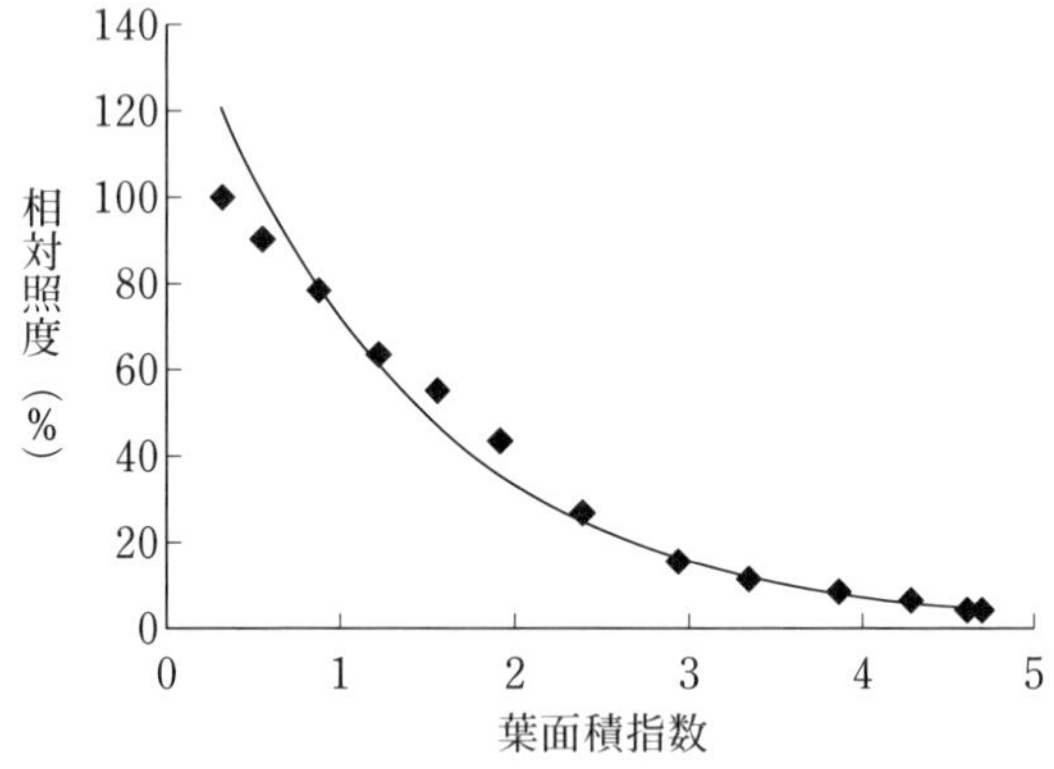

図1－15　4年生M9中間台木リンゴ‘ふじ’の積算葉面積指数と相対照度　（倉橋、1997）

③リンゴの調査から

次に、リンゴでの例について述べよう。

図1―15は、10a当たり1000本植えの4年生M9中間台木'ふじ'園で、層位ごとに明るさ（照度）と葉面積指数の関係について調べた結果である。

野外の明るさ100（相対照度100%）に対して、明るさがほとんどゼロ（相対照度0%）になるところの葉面積指数は4よりも5に近かった。このことから、リンゴの最適葉面積指数は、果実の収量から判断して4・5程度としている（後述6―(1)項参照）。

④葉の大きい種類で3～4、小さい種類で4～5が最適

リンゴ、ブドウを含め数種の落葉果樹についても調査すると、10a当たり葉の乾物重は270～400kg、葉面積指数は2～4・5で平均3・5くらいになった。

これらから、落葉果樹の最適葉面積指数は、葉の大きい種類で3～4、葉が小さい種類で4～5と考えられた。実際に栽培した経験からも、この値は妥当のように思われる。

⑤日射が強い地域では最適葉面積指数は高くなる

落葉果樹の光飽和点は5万lx程度だから、光の強い地域の最適葉面積指数はもっと高いと考えられる。私の経験では、地中海周辺、アメリカのカリフォルニア、アルゼンチンのメンドサ、ブラジルの熱帯地方などの日射は非常に強い。日照時間も日本より長いところがある。これらの地域の最適葉

面積指数は4〜6以上だろうと思っている。

最も印象に残っているのは、ブラジルのサンパウロ郊外の日系ブドウ農家を訪問したときだ。ブドウの〝ルビー・オクヤマ〟で反収2tとるのは、日本ではかなり困難であるが、3tはおろか、上手につくる人は5tもとっていた。もちろん品質は普通である。

そのとき、物質生産にとって日射量と日照時間、温度がいかに重要かを肝に銘じた。森林生態学では、熱帯雨林の物質生産力がきわめて高いことを明らかにしているが、果樹も同じ法則にしたがっているのだとつくづく認識させられた経験だった。

以上が、果樹の葉の重なりについての説明だが、葉面積指数の重要性を理解されただろうか。

(4) 光を多く受けるには果樹園全体を葉で覆う

①園全体を均等に葉で覆うことが重要

高品質多収をめざすには葉面積指数は重要だが、ここでは園全体を均等に葉で覆うことの重要性について話をすすめたい。

葉面積指数は、土地面積に対してそこにある葉の面積比率のことであるが、葉は均等に分布しているとはかぎらない。果樹園に空きがあっても、園の土地面積に対して葉面積が2倍あれば、葉面積指数は2である。

10a(1000㎡)の果樹園に果樹が1本植わっていて、その樹冠で覆われている面積(樹冠占有面積)が100㎡(果樹園の密閉度は10分の1)だったとしよう。その1本の樹の葉面積が1000㎡(果樹園の面積と同じ)であれば、その園の葉面積指数は1になる。果樹園の10分の9が空き地であっても、園としての葉面積指数は1と計算されるのである。しかし、樹冠占有面積当たりにすれば、葉面積指数は10になる。

②樹冠の空きがあれば多収は望めない

これは極端な例だが、果樹園に樹冠の空きが多ければ、樹冠占有面積当たりが最適葉面積指数であっても反収を高めることは望めない。果樹園全体が葉で均等に覆われてこそ、最適葉面積指数が生きる。ここに、果樹の枝管理、すなわち、仕立て方と枝梢管理の大切さがある。第6章でくわしく述べるが、棚栽培の有利性はこのことからもいえるのである。

本書で葉面積指数と表現するときは、葉がほぼ均等に分布していることを前提にしている。園の土地面積が1㎡であろうが、1000㎡であろうが、果樹園には樹冠の空きがない状態のことをさしている。ただし、実際の果樹園では樹冠には濃淡があるし空きもある。だが数学ではないのだから、目でみてほぼ均等の葉並びなら均等とみなすことにする。大きな空きがあればその面積を除いてみる。これについては、第5章でくわしく述べることにしたい。

③新梢を早く園全体に配置することが大切

物質生産に不可欠な光は、えこひいきすることなく、どの果樹園にもまんべんなく降りそそぐ。この光をむだなく利用するために果樹園全体を葉で覆うのであるが、葉は新梢についているので、作業としては、新梢を園全体にまんべんなく配置するということになる。

だから、物質生産理論からすれば、せん定から始まる枝管理は、全ての新梢をいかに早く園全体に配置するかにつきるといっても過言ではない。そのためには、新梢の生長速度、停止時期や長さ、発生密度などに気を配る必要があり、樹冠の状態をよく観察することが大切である。

新梢はその年に生長する枝をさすが、果実がついた新梢をブドウやカキでは結果枝とよぶ。だが、本書では、枝梢管理上からこうした結果枝も新梢とよぶことにする。

(5) 最適葉面積指数かどうかの判断方法

①自分で判断できなければ意味がない――測定する器具もある

これまで述べてきたことから、果樹の生

図1－16　最摘葉面積指数を超えたため下葉が黄化した（白矢印↑）ブドウ‘ハニービーナス’
（2013/8/16撮影）

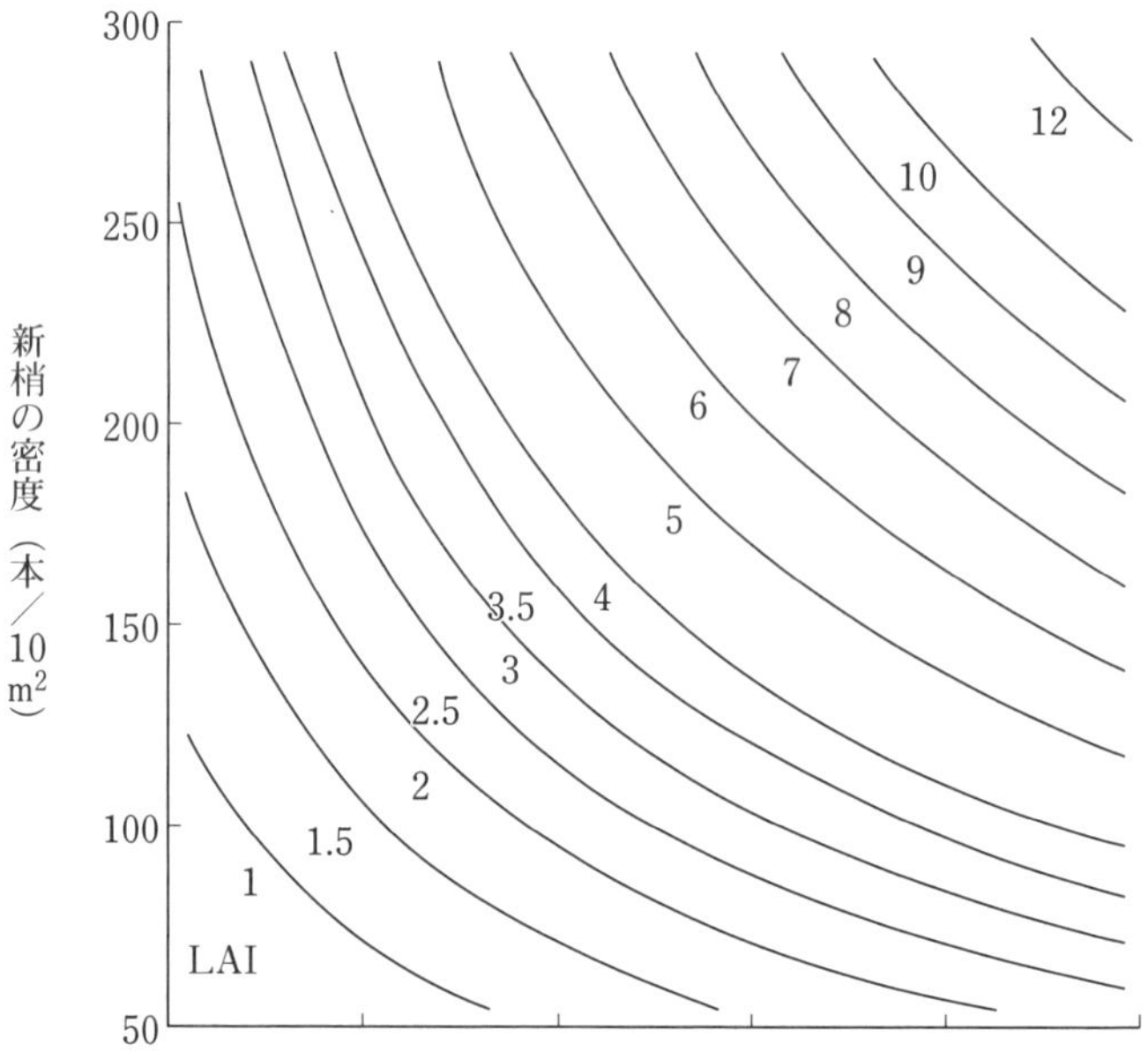

図1－17　ブドウの葉面積指数（LAI）の求め方
無加温栽培‘デラウェア’の副梢を除いた状態で新梢の長さ、密度とLAIとの関係（新梢の平均長が100cmで10m²に100本あれば、LAIは1.5である）

長には葉が大切であり、最も適した葉の重なりの程度（最適葉面積指数）があることを理解していただけたと思う。そうなると、適正な葉の重なりをどう判断するかが問題になる。

最適葉面積指数が4だとしても、自分の果樹園の葉面積指数がいくらなのかを判断できなければ、栽培に役立てることはできない。

今では、葉面積指数を測る器具が開発されており、それを使えば知ることができるようになった。しかし、生長中の葉面積指数は日々刻々とかわる。できることなら自分の目で判断したいものだ。これまでの経験から、正確ではないがある程度判断できるので、それについて少し述べてみたい。

②棚の明るさ、葉の黄変、下生えで判断

棚栽培なら図1―14を参考にすればよいだろう。

葉面積指数が適値を超えると、最下部の葉は受ける光が弱すぎて、光合成生産がマイナスになる。そうなると、その葉は果樹にとってじゃまになるので落とそうとするので、枯れる。

だから、図1―16のように、下葉が黄変したらその周辺は最適葉面積指数を超えたと考えられる。こうなる直前の葉の重なりが、最適葉面積指数だと考えてよい。

また、棚栽培では棚下に生える草の生長である程度判断できる。ブドウ園では、葉面積指数が3を超えるあたりから、下草の生長が明らかに悪くなる。4を超えるとあまり生えなくなる。葉の小さいリンゴなどでは、ブドウより1～2高いと観察している。

このように、果樹園内の葉の状態や下生えを観察することによって、ある程度最適葉面積指数が判断できるのである。

③ブドウは新梢長と新梢の密度から判断できる

ブドウでは、新梢の長さと葉面積は比例しているので、平均新梢長と新梢の密度から、葉面積指数が計算できる（図1―17）。残念ながら、ほかの果樹では数値が示されていないので、下葉の葉色や下草の生えぐあいから判断する。

6 栽植密度はどの程度がいいのか

(1) 密植による生育と収量

①3段階の栽植密度で比較

現代社会はきわめて忙しく、植付け後、できるだけ短い年数で収益をあげなければならない。そのために、早期成園化技術が開発された。この問題を物質生産から検討した、倉橋孝夫氏の研究があるので紹介する。

リンゴの最適葉面積指数についての研究である。この研究では、M9中間台木'ふじ'を10a当たり1000本植付けて育て、最適葉面積指数を調査した4年目の秋に、栽植密度を1000本、500本、250本の3段階になるよう間引いた。そして、新梢や果実の間引きはいっさいしないで育て、5年目の11月10日に全果実を収穫し、翌日、区ごとに5樹を掘り上げて解体調査した。

その結果を少しアレンジして、必要と思われるものについて解説する。

②葉面積を増やすには密植が一番

表1―2は、5年生時の生育と収量である。ここで注目したいのは、物質生産の工場ともいえる葉の量である。葉が果樹園をどの程度覆っているかをみると（樹冠占有面積率）、1000本と500本は100％であるが、250本は約60％で、40％は空いている。

葉面積指数は、1000本が5・56で最も高く、500本も5・01で高いのに対して、250本は2・34と50％以下である。

10a当たりの収量をみると、1000本は約7・7t、500本は約5・2tなのに対して、250本は2・8tで1000本の37％、500本の54％である。

ここで重要なことは、土地面積当たりの葉面積を増やして、葉面積指数を高めるには、密植するのが一番だということである。このことは、早期成園化の基本的法則でもあるといえよう。

③密植ほど物質生産量も多い

次に、栽植本数と物質生産についてみよう（表1―3）。

各器官の物質量（乾物重）は栽植密度の高いものほど多く、10a当たりの純生産量は、1000本植えの2970kgを100とすれば、500本が2567kgで86％、250本植えは1368kgで46％である。

1000本植えの純生産量は、これまで調査された果樹の純生産量では最高に近い値である。純生産量は葉面積指数に比例するということの格好の実証でもある。

ついでに余談をすれば、将来バイオマスエネルギー利用が実用化されたとき、効率よくバイオマスを生産しようとする場合の指針になるだろう。すなわちバイオマス生産を増やすには、生長の早い樹木を密植して、肥料を多く施せばよいのである。

④しかし1果重と糖度は密植ほど低い

だが、果樹農家にとっては、品質優良な果実を多く収穫することが目的なので、増えた物質（純生産量）が、果実に蓄積してくれなければ意味がない。

表1―4は、栽植密度と果実についてみたものである。収量は密植するほど明らかに多かったが、1果重をみると1000本植えは227gで、500本植えの86％、250本植えの93％と明らかに小さい。もう一つは、糖度であるが、250本植えが13・3％、500本植えが12・8％に対し10・7％と明らかに低い。

〝ふじ〟の糖度としては14％くらいはほしいわけで、1000本植えの収量はダントツで多くても、糖度が10％度台では商品価値はないといえよう。

(2) 高品質多収には果実への分配を多くすることが課題

しかし、これは放任栽培だったからで、1000本植えや500本植えを摘果していたらこうはならなかっただろう。そこで、果実乾物重を糖度が14％になるよう換算してみた。表1―4の糖度14％換算収量の項をみれば、1000本植えの収量はやや下がるものの、約5・7tで、250本植え

表1－2　栽植密度と5年生M9中間台リンゴ‘ふじ’の生育、収量　(倉橋、1997)

栽植密度(本/10a)	平均新梢長(cm)	新梢本数		樹冠占有面積率(%)	葉面積指数	収量(kg)	
		1樹当たり	10a当たり			1樹当たり	10a当たり
1000	19.8	210.0	210000	100.0	5.56	7.7	7658
500	26.1	249.2	124600	100.0	5.01	10.5	5241
250	24.4	256.4	64025	57.9	2.34	11.4	2842

表1－3　栽植密度と5年生M9中間台リンゴ‘ふじ’の10a当たり器官別物質量(乾物重)(倉橋、1997)

栽植密度(本/10a)	果実(kg)	葉(kg)	茎(kg)	旧枝(kg)	旧根(kg)	新根(kg)	合計(kg)	比率(%)
1000	795.5	515.2	622.8	755.1	225.8	55.6	2970	100.0
500	636.6	464.8	576.7	692.3	158.7	37.7	2567	86.4
250	379.3	231.1	309.3	345.1	80.8	22.8	1368	46.1

表1－4　栽植密度と5年生M9中間台リンゴ‘ふじ’の果実品質、収量
(倉橋、1997)

栽植密度(本/10a)	1果重(g)	糖度(%)	糖度14%換算収量	
			kg/10a	比率(%)
1000	226.9	10.7	5682	100.0
500	262.7	12.8	4547	80.0
250	244.3	13.3	2709	47.7

の2倍以上になる。

私は‘ふじ’を平棚で栽培しているが、糖度14%以上の果実を10a当たり6t以上とっている。

結論は、高品質多収を実現するには、果樹園を早く最適葉面積指数で確保し、かつ果実への物質の分配率を高める栽培をすることである。

(3) 早期成園化の課題は新梢を伸ばすこと

ここで付け加えておきたいのは、早期成園化の基本は密植だが、もう一つ重要な法則がある。それは植付け後の新梢の生長である。

以前、‘二十世紀’ナシの桃沢式といわれる整枝法が実用化された。それは、植付け後3年間、主枝を強固な支柱でまっすぐに伸ばす方法だった。3年目に主枝で園がうめつくされたわけで、短果枝がつきやすい‘二十世紀’では画期的な方法だった。

また、埼玉県では‘幸水’などを同じように垂直に伸ばし、3年で園を樹冠でうめる方法も開発された。これらの考え方はきわめて合理的である。早期成園化は物質生産理論からすれば、いかに早く園を樹冠でうめつくすかにある。すなわち園の樹冠密閉速度の問題だ。

果樹園の樹冠密閉の早さは、栽植密度だけでなく1樹当たりの樹冠拡大速度に規定される。したがって、早期成園化をめざすには、この両面から考える必要がある。

7 多くの物質を果実へ分配するために

(1) 「果実分配率」という考え方が必要

本章の最初に、物質生産の「物質」は薪《たきぎ》

と同じだと述べた。果実も乾燥させると燃料になるからだが、そうなると果樹栽培の目的は薪つくりかとおしかりを受けかねない。もちろん、果樹つくりの目的は高品質の果実をできるだけ多く収穫することだ。

そのためには、果樹園の物質生産を高めるだけではだめで、生産された物質の多くを果実に分配させなければならない。果樹の栽培技術では、「果実分配率」という考え方はこれまであまり議論されなかったように思う。しかし、高品質・多収栽培を理解するには、物質生産量と果実分配率という二つの考え方が必要になる。

(2) 収量を増やすには果実への分配を多くすること

①「緑の革命」は種実の比率を高める品種改良だった

「緑の革命」（1940〜1960年代）についてはご存じの方が多いだろう。麦、米、トウモロコシなどの穀物の反収を高くした技術革新のことである。この技術のポイントは、作物体にしめる種実の比率を高める品種改良にあった。

そのきっかけは、わが国のコムギの品種である'農林10号'が、短桿であることに注目したためだといわれている。麦の個体全体の物質生産量はかわらないが、物質が桿ではなく種実に多く分配されることに気づいたわけである。それによって、世界の穀物の収量は大きく増えたといわれている。

②果実分配率は物質生産理論の二大柱の一本

果樹でも同様のことがいえるのではないか。私が果実分配率を発想したのは、緑の革命について知る以前だったが、それ以前に森林生態学では各器官への分配についての研究は行なわれていたし、ボイセン・イエンセンの著書『植物の物質生産』（1932年）でも論じられていた。しかし、それらを知ったのはまとめにかかったころでかなり後である。

いずれにせよ、高品質高生産果樹栽培の技術では、物質生産量が葉面積指数に比例するという法則とともに、果実分配率にも法則があるという考え方は、物質生産理論の二大柱といってよい。

(3) 果実への分配を多くするための課題

①果実は全ての器官と物質を取り合う

生産された物質は、樹全体にはこばれて生命活動に使われ、全ての器官を生長させる。とくに、拡大生産期の物質生産量は多いので各器官の生長も盛んである。

しかし、物質生産の量には限度があるので、果実生産を高めるためにはできるだけ果実への分配を多くしなければならない。

それでは、果実への分配を高めるにはどうしたらよいのだろうか。それを知るためには、果実と競合する器官はなにかを明らかにする必要があるが、果実と物質を取り合うのは果実以外の全ての器官だというのが結論である。

ブドウ各器官の相関関係をみた結果は、表1—5のとおりである。表の見方は、たとえば果実と葉のあいだにはマイナス0・454の相関がある。0・5に近いのでこの関係はかなり正しいと判断でき、しかもマイナスの関係なので、葉が増えると果実が減るとみることができる。

表1−5　ブドウ純生産量の器官別分配率間の相関図　（高橋、1986）

	果実	葉	1年枝	旧枝	旧根	新根
果実	1.000					
葉	−0.454**	1.000				
1年枝	−0.587**	0.331*	1.000			
旧枝	−0.625**	−0.220	0.034	1.000		
旧根	−0.604**	0.184	0.060	0.346**	1.000	
新根	−0.294	0.414*	0.174	−0.139	0.009	1.000

注）有意性の検定　＊：5%　＊＊：1%

そのほか、ブドウの果実は、1年生枝（新梢の茎）、旧枝、旧根（年輪部分）ともマイナスの相関関係があることがわかる。マイナスの数字が大きいほど取り合いが激しいと考えてもらえばよい。ただし、数値は果樹の生長のしかたによって大きく変動する。

②根域制限的な栽培では旧根は競合しない

また、倉橋氏によれば10年生のM9中間台木リンゴ'ふじ'の調査では、果実とマイナスの相関関係があったのは、1年枝（新梢の茎）と旧枝であったという。中間台木によって根への物質分配が少なくなるためわい化するので、旧根との競合関係がなかったのはそのためだろう。

物質生産の総量は決まっているので、どれかの器官が増えれば他の器官が減るのは論理的にいえば当然といえよう。だが、物事はそう単純ではなく、果樹では、果実と強く競合するのは1年枝（新梢の茎）、旧枝、旧根のようである。ただし、中間台木やわい化栽培のように、根域制限的な栽培では旧根は除外してもよさそうだ。

③新梢が伸びるほど果実への分配は減る

新梢と果実分配率との関係をもう少し検討したい。新梢の基部を環状剥皮《かんじょうはくひ》すると、光合成産物は移動しなくなる。それを利用して、ブドウの新梢（ブドウは新梢に結実するので、新梢＝結果枝である）の基部を果粒が小豆大のころに環状剥皮して、果実が正常に成熟するように、葉面積に対する着果量を制限した。

そして、成熟期に剥皮部から切り取って果実、葉、茎、巻きひげの乾物重を測定した。そのデータから、新梢の長さによる果実と1年枝（新梢の茎）への物質（純生産量）の分配率をみたのが図1―18である。

新梢が長くなるにしたがって、茎への分配率が高くなり、果実への分配率は下がっている。100cmの新梢では果実分配率が70%であるが、300cmになると、50%以下になった。これとは反対に、茎への分配率は10%から30%に増えている。新梢が長くなるほど物質は茎にとられ、果実への分配が減るのである。

なお、100cmの新梢では果実分配率が70%になっているが、この値は非常に高い。それは、新梢の基部を環状剥皮したので、新梢の葉でつくられた物質を、他の枝や器官へ送る必要がなかったためである。

④茎の乾物重（物質）は幾何級数的に増える

なぜこうなるのかについて、もう少しくわしくみよう。図1―19は、ブドウの結果枝（新梢）の長さと葉面積、葉、茎（結果枝から果実と葉を除いた部分）、果実の乾物重との関係をあらわしている。この関係は他の果樹にも応用できるので、よく理解しておきたい。

葉面積は結果枝の長さに比例し、長さが2倍になれば葉面積も2倍になるという関係がある。葉の乾物重も同じで新梢の長さに正比例している。

ところが、茎の乾物重は結果枝の長さに対し二次関数の関係にある。長さが2倍になれば茎の乾物重は4倍になるというぐあいである。なぜこうなるかといえば、茎は基部が太くほぼ円形で、先端を頂点とする円錐形をしているからだ。葉は平面だが茎は立体なのである。

円錐の体積は基部の断面積と長さの積分

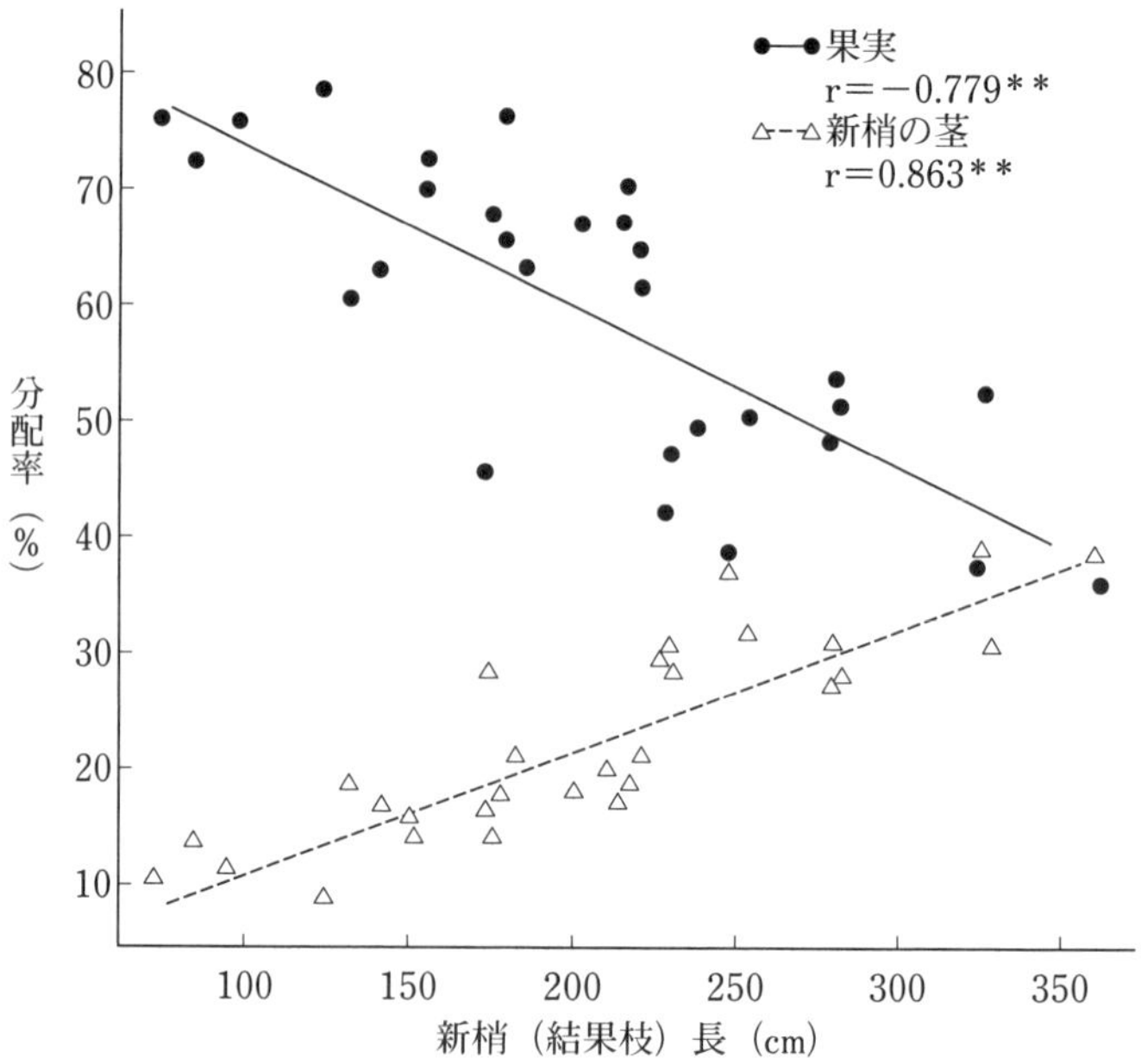

図1－18　早期加温ハウス栽培ブドウ‘デラウェア’の基部を環状剥皮した新梢（結果枝）の長さと3月31日～5月29日の純生産量にしめる果実と新梢の茎への分配率　（高橋、1978）

rは相関係数（r=0：無相関、r=1：完全相関）、＊＊は1%水準で有意を示す

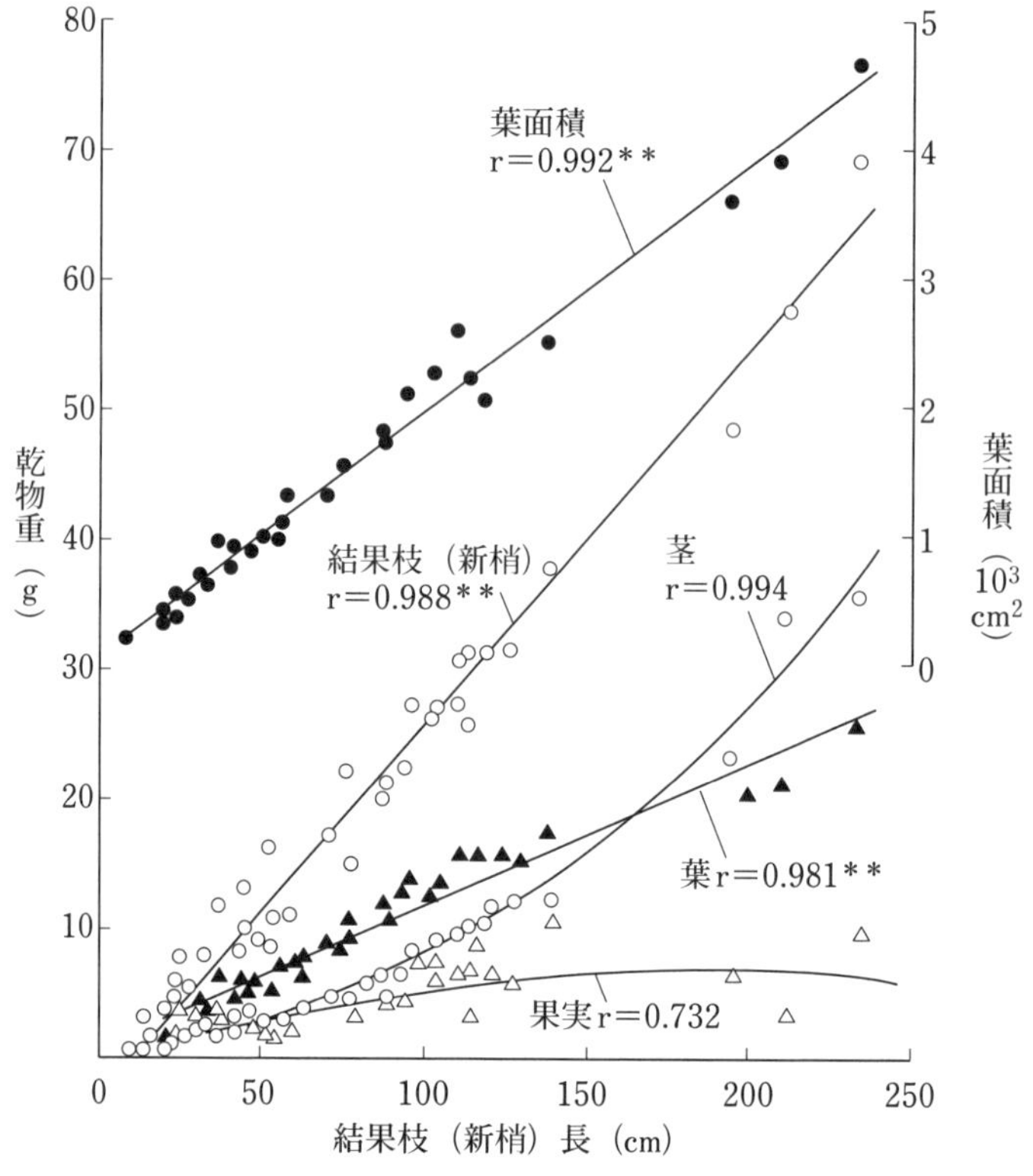

図1－19　雨よけ栽培ブドウ‘巨峰’の6月14日に基部を環状剥皮した結果枝（新梢）長と葉面積、葉、茎、果実、結果枝（新梢）の乾物重　（高橋、1978）

rは相関係数（r=0：無相関、r=1：完全相関）、＊＊は1%水準で有意を示す

値だから、長さに対して二次関数の関係になる。茎の体積は重さのことだから、茎の重さは新梢の長さに対して幾何級数的に増える。だから、結果枝が伸びるほど、物質は茎へ多く奪われ、果実への分配は減るのである。

この法則が理解できれば、果実分配率の重要性がわかったことになる。そうなれば、葉面積指数を増やすためには、新梢を伸ばしすぎないようにして本数でかせぐことの必要性もよくわかるだろう。

⑤課題は短い新梢を高密度に配置すること

結果枝全体の乾物重と結果枝（新梢）の長さに直線的な比例関係がみられるのは、茎の乾物重と果実乾物重が打ち消し合っているからである。

このように、果実分配率を減らす原因の一つは新梢の茎だから、新梢は伸ばさないほうがいいということになる。しかし、そうすると葉面積は増えないので、物質生産量は減る。物質生産は増やしたいし、果実分配率は高めたい。この矛盾はどうすれば解決できるのだろうか。

それは、結果枝（新梢）の密度を高めることである。さらに、新梢の初期生長が早く、生長が旺盛で一定の長さに早く到達すれば、早期に葉面積をかせぐことができるとともに、茎の重さをおさえることができる。この問題は、物質生産理論の根幹をなすことなので、第2章でくわしく述べる。

第2章　各器官の生長と栽培の課題

果樹は物質をつくることによって、全ての器官を生長させる。この章では、各器官が物質生産《ぶっしつせいさん》にどのようにかかわっているかについてふれておきたい。
果樹のおもな器官は新梢《しんしょう》（葉、茎、芽などを含む）、果実、側枝（亜主枝に次ぐ枝）、亜主枝、主枝、幹の地上部と、太根、中根、細根、新根の地下部に分けることができるが、ここでは物質生産を理解しやすいように葉、新梢の茎（以下、茎とする）、果実、旧枝《きゅうし》、旧根《きゅうこん》、新根に分けて述べる。
葉、茎、果実、新根は、果樹がその年に新しくつくった物質でできている。旧枝と旧根は、新しい年輪の部分はその年の物質でできているが、それ以外は前年までにできたものである。

1　短い新梢を大事にする

(1) 新梢とは

栽培者が果樹の生長を実感するのは新梢の伸長、開花、結実、果実肥大、着色、葉色などである。なかでも、新梢はその年に生長しつつある枝で最も目につきやすく茎、葉、芽でできているが、果実がつくもの（結果枝）もある。

春に伸びた芽は、モモやオウトウなどの花芽（純正花芽）を除いて、全て新梢になる。ブドウ型果樹は春から伸びた新梢に果実がつくので、新梢が結果枝になるが、それも含めて本書では葉がついているあいだは新梢とよぶことにする。なお、カキ、イチジク、キウイもブドウ型の果樹である。

新梢は新根とともに果樹が生長するための基本的な器官である。葉で物質生産を行ない、果樹の生長をうながす。新梢は、秋には短果枝、中果枝、長果枝、発育枝、結果母枝になって休眠し、翌年の生長をまつ。

年数が経てば、幹、主枝、亜主枝、側枝などになって、樹体をささえる。これらの旧《ふる》くて太い枝は、新しい新梢や結果枝をつけるが、元は新梢である。

植付け後1～3年くらいまでは、新梢をよく生長させたい。長く伸びるほど樹冠の拡大が早く、果実生産が早まり増えるからだ。

しかし、ここでは、成園での新梢を、物質生産の観点からどうみたらよいかについて述べる。

(2) 理想的な新梢の生長とは

第1章7—(3)項で述べたように、高品質多収のためには、できるだけ早く最適葉面積指数に到達させ、果実への分配を高めるため、早めに新梢の生長を停止させることである。

理想的な新梢の生長は「初期生長は旺盛であるが、6月中旬ごろまでに新梢が全て生長を停止する」ということができる。このような新梢とはどんなものをいうのだろうか。

新梢には、数センチメートルで生長をストップするものから、10mも伸びるものまで千差万別だから、やっかいである。

そこで、いろいろな新梢について、その特徴をみていきたい。

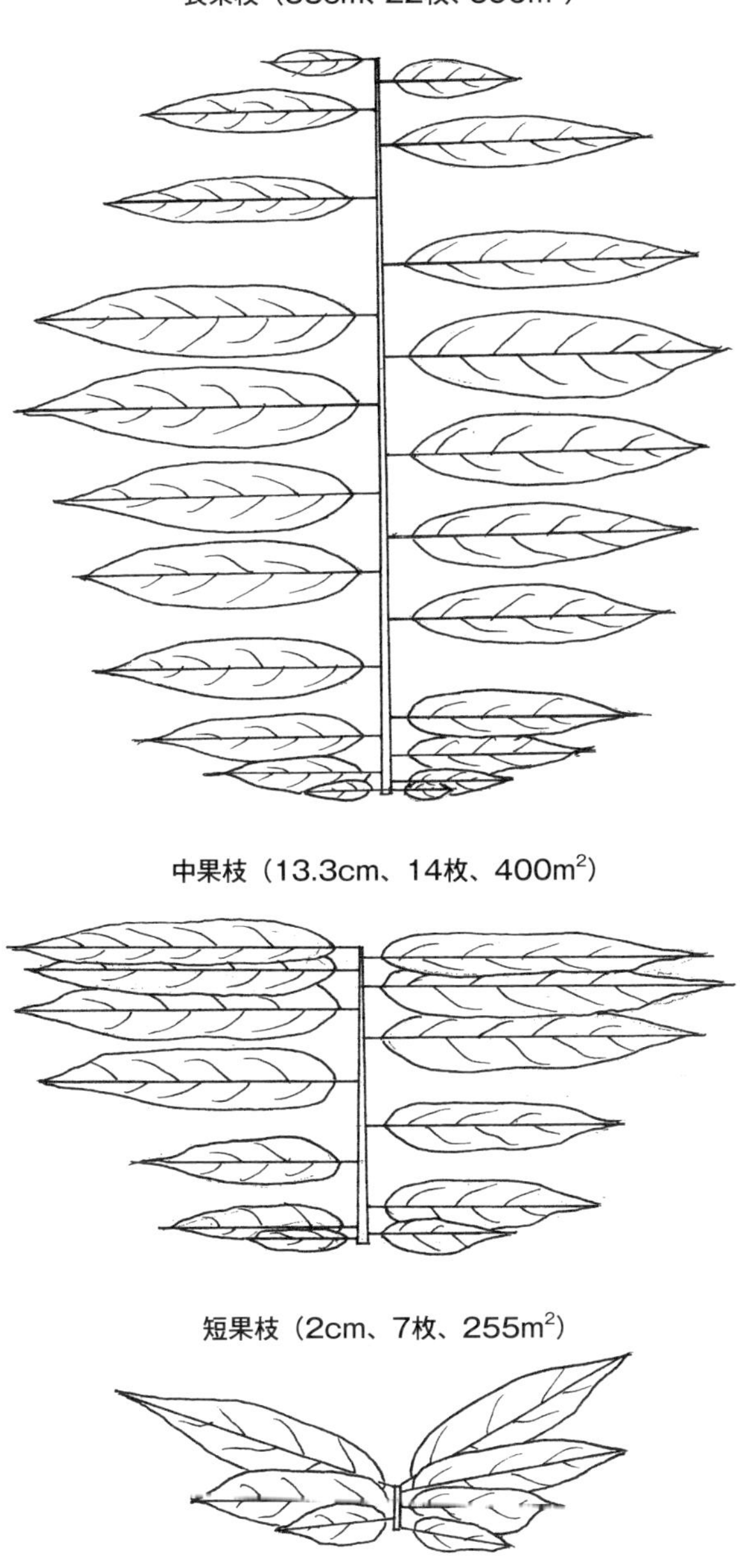

図2−1　長さのちがうモモの新梢の長さ、葉数、葉の面積

(3) 短い新梢と長い新梢の生産力のちがい

① 新梢が長いほど葉面積当たりの生産量は少なく果実への分配は減る

●長い新梢は茎への配分量が多く、葉の物質生産期間が短い

まず、新梢の種類をみてみよう。新梢は落葉後、短果枝、中果枝、長果枝、発育枝、ブドウ型は結果母枝とよばれる。

モモを例に短果枝、中果枝、長果枝になる新梢を図2—1に示した。

短い新梢ほど茎が小さいわりに葉面積が大きい。また、一番基部の葉が生長を始めるのは同じだが、先端の葉が出るのは長く伸びる新梢ほど遅い。

ここで重要なことは二つある。一つは長い新梢ほど、葉面積に対する茎の量が多いことである。

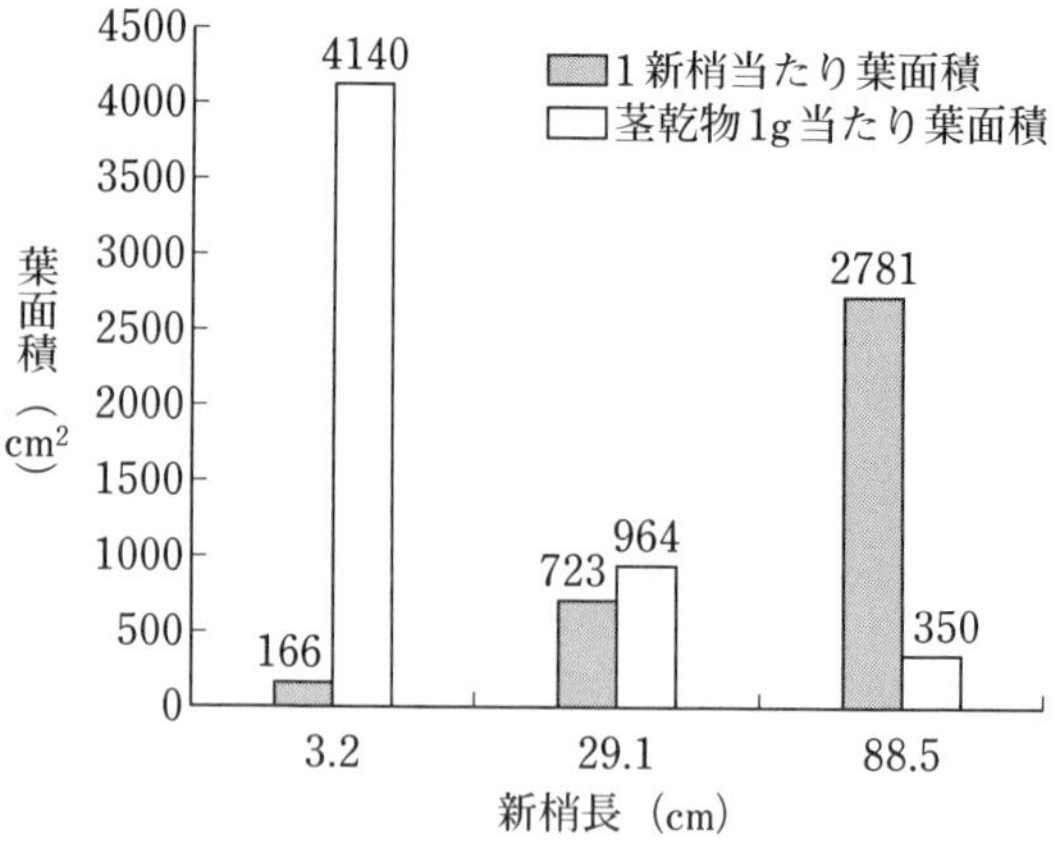

図2－2　モモ'あかつき'の新梢の長短と葉面積との関係
（高橋、2015）

このことは、同じ葉面積で同じ量の物質をつくったとしても、長い新梢ほど茎の部分に多く分配されるということである。

もう一つは、最終的に同じ葉面積になっても、長く伸びる新梢の葉は遅くなってから出るから、平均すると物質を生産する期間が短い。

この二つの理由で、新梢が遅くまで伸びるほど、同じ葉面積で生産する物質の量は少なくなるのに加え、果実への分配は減るのである。

●短い新梢ほど長さ、茎の重さ当たりの葉面積が大きい

そのことを具体的に示すために、モモ'あかつき'の新梢を6月15日に調査し、その結果を図2―2に示した。

1新梢当たりの葉面積は新梢長88・5㎝では2781㎠で、3・2㎝にくらべ17倍も多い。しかし、新梢の長さ1㎝当たりの葉面積は、3・2㎝が51・9㎠で88・5㎝の31・4㎠より1・7倍も大きい。

これは、3・2㎝と29・1㎝の新梢は、6月15日に生長を停止していて、全ての葉が成葉になっているのに対し、88・5㎝は伸長中で生長中の葉があるからである。

次に、乾かした茎の重さ（乾物重）1g当たりの葉面積をくらべると、3・2㎝の4140㎠に対して、88・5㎝にも伸びている新梢は350㎠と12分の1である。短くて生長を停止する新梢ほど、茎の重さ当たりの葉面積ははるかに大きいのである。その理由についてはのちほど説明する。

●短い新梢ほど多くの葉面積をささえる

もう少し実感的に理解できるように5月下旬（養分転換期〈第3章1―(1)―①参照〉をすぎてしばらくしたころ）と6月中旬の2回、長さのちがう新梢を調査して表2―1、表2―2にまとめてみた。調査した園は島根県の出雲地方にあり、オウトウ、モモ、スモモ、プルーンは山間部の雨よけ栽培、その他は平野部の露地栽培である。山間部の園は標高300ｍなので平均気温は低いが、雨よけ栽培のため平野部の生育とほとんど同じである。

また、リンゴ以外は他人の園から提供いただいた新梢なので、土壌条件、樹齢、樹勢などかなりちがう。したがって、数値は品種固有の絶対的なものということではなく、傾向として読み取っていただきたい。

5月下旬のオウトウは成熟直前、モモ、リンゴ、ナシなどは袋かけごろである。ブドウは開花期直前ごろ、ミカンは結実しはじめたころと考えていただければよい。

6月中旬は、オウトウは収穫が終わり、モモ、スモモなどは硬核期、リンゴ、ナシ、ブドウ、ミカンなどは果実肥大第Ⅰ期ごろである。

表2―1は新梢の乾燥した茎1gがどれくらいの葉面積をささえているのかを、新

表2—1　5月下旬、6月中旬の新梢の長短と茎乾物重1g当たりの葉面積（単位：cm^2）　（高橋、2015）

調査時期（月/日）	長さの区別	オウトウ	モモ	スモモ	プルーン	リンゴ	ナシ	ブドウ	カキ	ミカン	平均
		佐藤錦	あかつき	貴陽	スタンレー	ふじ	二十世紀	シャインマスカット	富有	宮川早生	
5/24～26	長	556	296	173	202	313	226	170	332	261	281
	中	968	661	497	227	465	381	306	616	468	510
	短	2568	1899	2784	803	615	670	328	1507	810	1331
6/15～16	長	304	350	144	46	230	124	180	211	190	198
	中	1057	964	213	136	294	197	316	250	276	412
	短	3348	4140	2148	467	2348	1064	—	932	502	1869

表2—2　5月下旬、6月上旬に調査した新梢の長さの変異（単位：cm）　（高橋、2015）

調査時期（月/日）	長さの区別	オウトウ	モモ	スモモ	プルーン	リンゴ	ナシ	ブドウ	カキ	ミカン
		佐藤錦	あかつき	貴陽	スタンレー	ふじ	二十世紀	シャインマスカット	富有	宮川早生
5/24～26	長	34-38.5	43-76.5	51.5-122	92.5	33.6-43	48-55	120-205	**32.3-51**	**28.7**
	中	14.5-28.5	21.5-32	**24.5-34.7**	**41.5-86.5**	**13.5-29**	**13.5-32**	86-117	**12.8-19.5**	**11-17.3**
	短	**1.5**	**8.38**	**1-4**	**0.7-28**	**1.5-8.5**	**2-2.5**	**34-71**	**3.8-6.3**	**4.8-8.8**
6/15～16	長	**60**	88.5	121	171	48-67.5	100	314	72.6	**27-35.5**
	中	**14.5-23.5**	**22-34.5**	**42.5-90.5**	**24-83**	**12-38.5**	**46.5-54**	114-136	**20.7-55.5**	**14-24.5**
	短	**0.5**	**0.5-7**	**0.5-7**	**13-19**	**0.5-6**	**0.5-1.5**	—	**8.0-11.0**	**4.5-9**

注）**太字**は生長が終わっていることを示す

梢の長さで長、中、短の三つに分けて示してある。数値には幅があるものの、茎の乾物重1gがささえる葉面積は、いずれの種類・品種でも短い枝のほうが明らかに大きい。平均でみても、5月では短の1331㎠に対し、長は281㎠でしかない。6月でも、短の1869㎠に対し、長は198㎠と小さい。

生長を早く終える新梢が、意外と重要だということが理解されるのではないだろうか。

●6月中旬ごろ全ての新梢の生長を終わらせることは可能

表2—2は、調査した長、中、短の新梢の長さの範囲を示している。太字は新梢の生長が終わって、全て成葉になっていることを示している。じっくりみると、5月下旬の短は当然として、中程度の新梢もけっこう生長が終わっている。

6月中旬になると、4年生できわめて樹勢が強い短梢栽培のシャインマスカットを除き、中程度の長さの新梢は全ての品種で生長を終え、物質生産体制を確立している。長は、伸びているものを選んだので生長しているのは当然であるが、6月中旬ごろに全ての新梢の生長を終えさせることは、そんなに困難なことではないことがわかる。

②葉は直線的に、茎は曲線的に重くなる

くどいようだが、次に、新梢の生長をリンゴ'ふじ'を例にみていきたい。

図2—3は、新梢の長さと葉面積との関係をみたもので、第1章図1—19で示したブドウと同じように、葉面積は新梢の長さに正比例する。

これは、全ての果樹についていえることで、葉面積指数を念頭においた新梢管理を行なうときに必要なことなので、しっかりと頭にいれておきたい。

図2—4は、新梢の長さと葉、茎の乾物

重の関係である。葉の乾物重は葉面積と同じように、新梢長に比例して直線的な関係にある。しかし、茎の乾物重は曲線的な関係にあり、新梢が長くなるほど重くなる割合が大きくなる。

つまり、葉面積や葉の乾物重は、新梢の長さが2倍になればほぼ2倍になるが、茎の乾物重は4倍になるのである。これが、長い新梢ほど茎の乾物重でささえる葉面積が小さくなる原因である。この法則は、植物の基本的な法則なので、しっかりと理解しておきたい。

③長い新梢と短い新梢の乾物量はこんなにちがう

●60㎝の新梢の茎は短果枝の12倍

前述したデータから、リンゴ‘ふじ’のいろいろな長さの新梢について、何本あれば葉面積指数が4になるかを計算したのが表2—3である。

10a（1000㎡）当たり本数は、60㎝の新梢で約1万4千本、40㎝で2万本、20

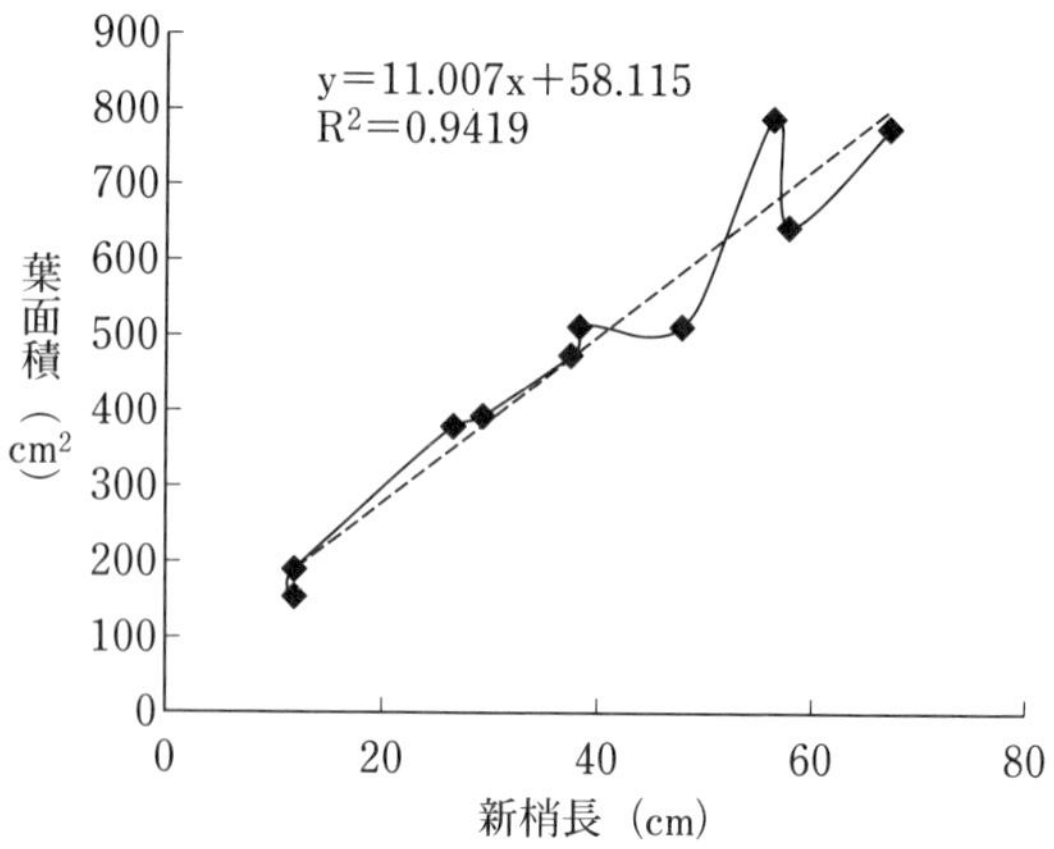

図2−3　リンゴ‘ふじ’の新梢長と葉面積との関係
（高橋、2015）
データの振れが大きいのは、垂直枝と水平枝が混じっているため（6月16日調査）

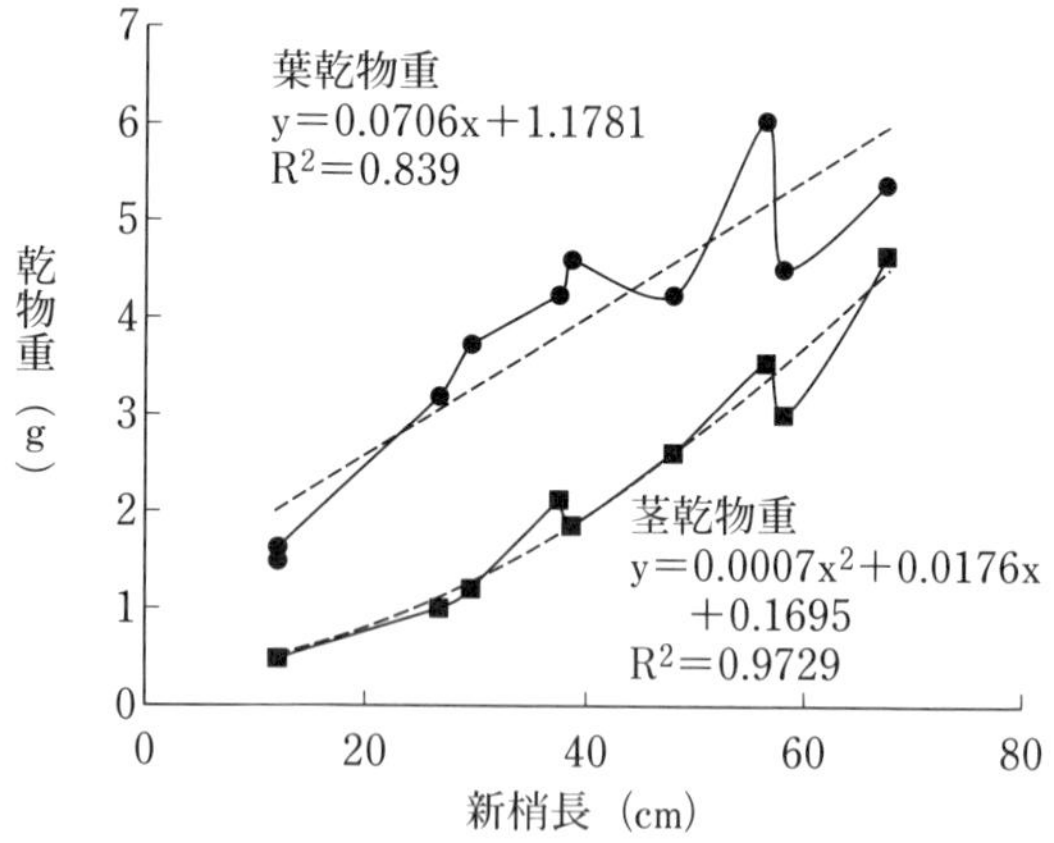

図2−4　リンゴ‘ふじ’の新梢長と葉、茎の乾物重の関係
（高橋、2015）
データの振れが大きいのは、垂直枝と水平枝が混じっているため（6月16日調査）

表2−3　11年生マルバ台リンゴ‘ふじ’の樹冠を葉面積指数4にするための新梢本数と茎・葉の乾物重　（高橋、2015）

1新梢当たり				樹冠1000m²当たり			
新梢長（cm）	葉面積（cm²）	茎乾物重（g）	葉乾物重（g）	新梢本数	茎乾物重（g）	葉乾物重（g）	茎乾物重換算収量
60	718.54	3.7455	5.4141	13917	52.1	75.3	372
40	498.40	1.9935	4.0021	20064	40.0	80.3	286
20	278.26	0.8015	2.5901	35938	28.8	93.1	206
10	168.19	0.4155	1.8841	59458	24.7	112.0	176
短果枝	113.00	0.0480	0.6320	88731	4.3	56.1	30

注）短果枝は調査実データ、60〜10cmは図2−3、図2−4の関係式から計算した数値

㎝で3万6千本、10㎝で6万本、短果枝で8万9千本になる。

次に、葉面積指数4の葉をささえている茎の重さをみると、長いほうから52・1kg、40kg、28・8kg、24・7kg、4・3kgとなり、短いほど少ない。同じ葉面積をささえるのに、60㎝の新梢は短果枝の12倍もの茎を使っているのである。

新梢長と葉面積、葉乾物重、茎乾物重に、直線あるいは曲線的な関係があるのはまちがいないが、関係式の回帰係数や定数は、樹勢や生長の早さなどでちがうので、数字はかなり振れる。あくまで傾向として理解してほしい。

●60㎝の新梢の茎は果実372kgに相当

新梢の長さによる乾物重の差を、10a当たりの果実に換算してみよう（表2―3）。糖度を14％と考えて計算すると、60㎝の茎は果実372kgに相当する。それに対して、20㎝なら206kg、短果枝は30kgにしかならない。

乱暴な計算と思われるかもしれないが、物質生産から考えるとごくあたりまえのことである。物事の本質を理解するためには、単純化することも必要なのである。収量を多くとるうえで、新梢の長さにこだわる理由が理解されたのではないかと思う。

実際栽培では、短果枝の葉だけで葉面積指数を4にすることは不可能で、長さのちがう新梢が混じり合っている。だが、短い新梢が果実生産を増やすためにきわめて重要であることがわかれば、新梢管理に関する考えがかわるだろう。

④良品多収の法則は「短い新梢は積極的に残す」

この調査を行なったのは6月15日だった。'ふじ'の成熟期は11月中旬ごろなので、茎の収量への影響はもっと大きくなるだろう。

ブドウでは短い結果枝を不要なものとして芽かきすることが多いが、花穂さえ除けば芽かきせずに積極的に残すべきだということになる。その他の果樹でも、短く止まる新梢は積極的に残すほうがよいということになる。

再度強調したいのは、短い新梢の葉は物質生産期間が長いため、同じ葉面積で1年間に生産する物質の量は多くなる。しかも、生産を開始する時期も早いから、果実生産にとってきわめて大切な枝であり、「短く止まる新梢は積極的に残す」というのは大事な法則である。

(4) ナシで実証 ――短い新梢を上手に使って良品多収

この法則に気がついてナシ'二十世紀'に応用した実験を紹介したい。ナシは短果枝だけではなく、発育枝も交えて栽培する。葉面積をできるだけ早く確保し、果実分配率を高める方法として、短果枝と「短果枝葉」(注)を積極的に利用することにした（図2―5）。

冬季せん定では、棚面をできるだけ枝で覆うように、せん定を弱くして側枝を多く残した。その結果、5年間の平均で、反収は6100kgで慣行栽培の4200kgより約2000kg多くなり、平均果重は慣行せん定区より25g小さかったとはいえ370gになった。糖度は約11％でほぼ同じだったが、果肉は柔らかく多汁で、食味は明らかに優れ、消費者によろこばれた。

この実験では、徒長枝の除去や誘引を行なわなかったが、それを行なっていたらもっと多収になったと思われる。それを考慮にいれなくても、短い新梢を上手に使って早期に葉面積指数を確保し、茎への物質分配率を下げることによって、高収量をあげることは可能であることが実証された。

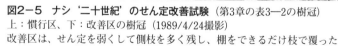

なお、この問題については第4章でくわし

図2−5　ナシ‘二十世紀’のせん定改善試験（第3章の表3—2の樹冠）
上：慣行区、下：改善区の樹冠（1989/4/24撮影）
改善区は、せん定を弱くして側枝を多く残し、棚をできるだけ枝で覆ったく述べる。

（注）短果枝葉とは、結果枝に含まれている葉芽が伸びるときに長さ1～2㎝に6～7枚も密につく葉（一般に果そう葉とよばれている）と、葉芽から短く伸びて多くの場合短果枝になる枝にも同じように密に葉がつくが、その両方をさす造語である。

2 徒長枝はむだに消費するだけ

これまで、長い新梢と短い新梢で比較してきたが、それが徒長枝になるとどうなるだろうか。以下、徒長枝がいかにむだに物質を消費しているかをみていきたい。

(1) 徒長枝は果実生産に大きなマイナス

①長さが3倍でも物質の量は13倍

徒長枝がいかにむだであるかを理解するために、ナシの徒長枝を果実に換算してみた（表2―4）。果実の乾物率は糖度とほぼ同じなので、徒長枝の乾物重を果実の重さに換算することができる。

〝豊水〟の50㎝の徒長枝は49gの果実にしかならないが、150㎝の徒長枝は623gの果実に相当する。枝の長さは3倍だが、物質の量は果実に換算して約13倍にもなる。

この値は茎の部分だけだから、葉も含めればさらに多くなる。しかも、これらの徒長枝は冬季せん定で全て切り落とされる。強勢な徒長枝がいかに果実生産にマイナスであるか理解されるだろう。

ナシでは徒長枝は放任されるのが普通である。徒長枝を枝抜きといって間引くこともあるが、ほとんどが収穫後である。徒長枝は果実と物質の取り合いをするところに害があるのだから、収穫後に間引いても意味はない。

②徒長枝がささえる葉面積は少ない

もう一例を図2―6に示した。これは、8月30日に、短果枝と徒長枝を4種類の果樹から採取して新梢長、葉面積、茎乾物重を測定し、茎1gがどれくらいの葉面積を

表2−4 ナシの徒長枝の長さと換算果実重（茎のみ） （高橋、2013）

品種名	長さ（cm）	乾物重（g）	糖度	換算果重（g）	回帰式（x：長さ、y；乾物重）
新水	50	6.185	12	11	
	100	25.875	12	216	$y=0.0048x^2-0.3262x+10.495$
	150	69.57	12	580	
幸水	50	5.25	14	38	
	100	28.52	14	204	$y=0.0044x^2-0.1946x+3.9805$
	150	73.79	14	527	
二十世紀	50	14.8	12	123	
	100	45.06	12	376	$y=0.0026x^2+0.2152x-2.4564$
	150	88.32	12	736	
豊水	50	6.33	13	**49**	
	100	31.14	13	240	$y=0.0044x^2-0.1839x+4.5259$
	150	80.94	13	**623**	

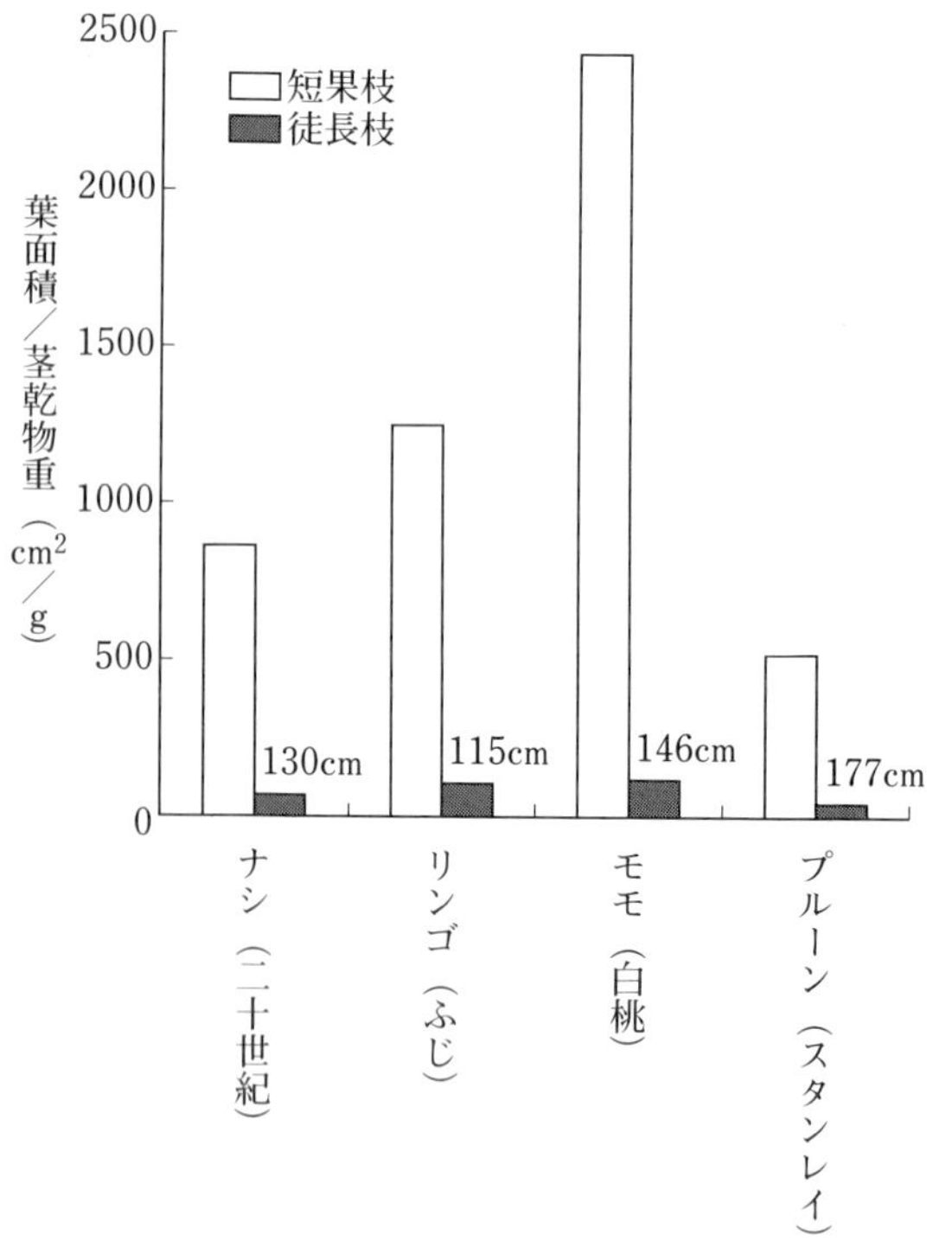

図2－6　落葉果樹の茎乾物重当たりの葉面積

（高橋、1993）

図中の数値は徒長枝の長さを示す

ささえているかを計算したものである。

短果枝は2～5㎝で非常に短い。それに対して徒長枝は、短いほうからリンゴ115㎝、ナシ130㎝、モモ146㎝、プルーン177㎝である。モモを除いて伸びは止まっていた。重さ1gの茎がささえている葉面積を計算すると、プルーンの短果枝は519㎠なのに対して、徒長枝は44㎠で12分の1にしかならない。モモでは、短果枝が2433㎠なのに対して徒長枝は109㎠でしかないので、22分の1である。

8月30日の比較であるから、平均した葉面積の物質生産期間は徒長枝のほうが短いので、物質生産能力が劣るのに加え、茎への物質の分配量が多いので、果実生産にとって大きなマイナスになることが理解されるだろう。

参考までに、徒長枝1本の乾物重を果実に換算してみた。糖度をリンゴ15%、ナシ11%、モモ13%、プルーン16%とすると、リンゴ198g、ナシ844g、モモ493g、プルーン403gということになり、リンゴは半個、ナシは2個半、モモ1個半、プルーン8個くらいに相当する。

新梢の葉と茎は落葉するまでには、さらに充実して多くの物質を取り込むから、晩生の果実へのマイナスはさらに増えることになる。

(2) 徒長枝は積極的に芽かきするか間引く

このように徒長枝は不要どころか、収量を減らすおもな原因なのである。芽かきで落とすか、みつけしだい夏季せん定で落とすべきである。また、強くて徒長枝になりそうな新梢は、棚に誘引して生長を抑制すれば、収量は確実に多くなる。

新潟県ではナシの徒長枝を、夏季せん定で半分くらいに切り縮めている。放任するよりも優れているが、二次伸張すると果実との競合は強くなる。夏季せん定で元から切り取れば、収量は確実にあがるだろう。

以上をまとめると、果樹の種類に関係なく、徒長枝になるような枝は芽かきし、見落としたものはみつけしだい、夏季せん定で切り取るべきである。

つる性のブドウでは、新梢が10mにもなることがあるが、果実生産のためには1・5m以上は不要である。したがって、摘心やねん枝、夏季せん定によって、伸びを抑制しなければならない。

近年ブドウでは、植物成長調節剤による

無核栽培の増加にともなって短梢せん定が増えており、2mの主枝間隔をうめるため長大な新梢を利用している。果粒は太るが、糖度が上がりにくい。物質生産理論からは当然の結果だと思っている。この欠点を補うには、短い新梢で目標の葉面積指数が確保できるよう、主枝間隔を狭くする必要があるだろう。

3 果実を大きくし糖度を高めるために

(1) 果実の生産力とはなにか

① 果実は薄めた砂糖菓子

果樹が果実を生長させるのは、人や動物に食べさせるためではなく子孫としての種子を残すためである。しかし、われわれは種子を食べるのではなくおいしい果肉が目的である。同時に、土地面積や労働時間当たりの果実生産を多くしなければならない。

果実を分析すると、水が75～90％で最も多く、次いで糖が10～25％、残りのごくわずかがビタミン、ミネラル、DNAなどの構成元素である肥料養分である。単純化すれば、果実は砂糖水なのだ。果実をそのままジューサーにかけるとおいしいジュースができるのはそのためである。

② 収量は乾物重で比較すべきである

わかりやすいように、果実を砂糖水と考えて品質と収量について検討してみよう。光合成で最初につくられるブドウ糖が、そのまま果実になれば、氷砂糖のようなブドウ糖のかたまりになる。

それを10倍に薄めれば糖度が10％の果実ということになる。30～40年前ごろのリンゴ、モモ、ナシなどはそれくらいの糖度しかなかった。4倍に薄めると糖度25％のブドウに相当すると考えてもよい。

じつは、ここに果実生産力を評価する重要な鍵がある。普通、果実生産力である収量は単位土地面積10a当たりの、生果重量であらわして比較する。いわゆる反収である。しかし、これは正確ではない。果実の糖度は一定ではないからだ。

糖度が10％のモモの果実1tは、物質量では約100kgになるが、20％のブドウなら約200kgになる。すなわち反収は同じでも、物質生産量からいえば、ブドウのほうがモモより約2倍高いことになる。

果樹の果実生産力を反収で比較するときには、物質量すなわち乾物重で比較すべきである。

第4章でくわしく述べるので簡単にいえば、反収は成熟期も考慮しなければならない。果実生産力は成熟するまでの長さによってちがうからである。

(2) 適正着果量とは

次に、果実の品質や大きさを物質生産理論ではどう考えるべきかについて述べたい。

私は、果実品質で最も重要なのは、糖度と大きさであると考えている。まず大きさについて例をあげて述べる。

① 着果数を減らしても大きさに限界

数十年前のナシ'愛宕'は中くらいの大きさで、特別大きなものではなかった。現在のように大きくなったのは、着果数を大幅に少なくする技術が確立されたからである。果樹の物質生産力に限度があるのだから、ならせる数を少なくすれば果実は大きくなる。

だが、50㎏の果実生産力のある樹に、果実を1個だけ残したら50㎏になるかといえば、当然むりである。着果数を減らして果実を大きくするには限界があり、その品種の遺伝子が決めている。

このことは、果実を大きくするために、やみくもに果実の数を減らすのはまちがいだということである。果樹をつくる者にとっては、果実の大きさも大切だが、収量も大切だからだ。

②果実をつけすぎてもダメ

それでは、逆につけすぎたらどうなるだろうか。カキやミカンはわが国の気候にあっているので、放任してもそれなりに結実する。なり年には、鈴なりになっているのをよくみかける。

だが、糖度は下がり小玉になるだけでなく、翌年は極端に果実が少なくなる。隔年結果である。収穫の遅い晩生の品種ほど結果過多の弊害は出やすい。これでは、経営が成り立たない。

③無摘果のブドウ果実の物質量は2倍

実験の例をあげると、ドラム缶を半分に切った鉢で育てたブドウ〝巨峰〟を、ガラス室でなり放題にして加温栽培してみた（表2—5）。このときの葉面積指数は4程度だった。

10a当たりの収量は、摘房区が2616㎏であったのに対し、放任区は7653㎏であった。しかし、糖度は摘房区の16・3％にくらべ、放任区では11・1％と低く、商品価値はなかった。1粒重は摘房区が大きかったが、放任区でも10gを超えていた。

ブドウの場合は、着果過多にしても果粒はかなり太るが、糖度が極端に低くなるようである。収量を果実乾物重に換算すると、それぞれ426㎏と849㎏になる。ようするに無摘果にすると、摘果した樹にくらべ果実の物質量は2倍になったわけだ。これを摘房区の糖度（16・3％）の果房に換算すると5209㎏になる。

④適正範囲内の上限が適正着果量

このことは、着果量が多すぎると、果実の品質は明らかに劣るが、純生産量（物質生産力）は高くなることを示している。果実は物質の入れ物の役割もあると考えられる。

それが正しいとすれば（生態学ではシンク〈sink〉という）、着果量を少なくしすぎると物質生産量は減るだけでなく、ほかの入れ物である茎や年輪への分配が多くなるのではないだろうか。

栽培上からは、適正範囲内なら、上限近くまで着果させたほうがよいということができそうだ。それが適正着果量というものだろう。

(3) 大きさと糖度を高めるポイント

①果実肥大には第Ⅰ期、第Ⅲ期が重要

次に、大きさと糖度について検討してみたい。

まず果実の大きさから検討したい。果実は二重のS字状曲線を描いて生長し、肥大期は3回に分けて論じられている。早いほうから果実肥大第Ⅰ期、第Ⅱ期、第Ⅲ期と

表2−5 加温栽培の鉢植えブドウ‘巨峰’の摘房と放任による果実品質、収量、純生産量の比較 （高橋、1982）

試験区	収量 (kg/10a)	1粒重 (g)	糖度 (%)	果実乾物重 (kg/10a)	純生産量 (kg/10a)
摘房区	2616	12.4	16.3	426	1580
放任区	7653	10.9	11.1	849	

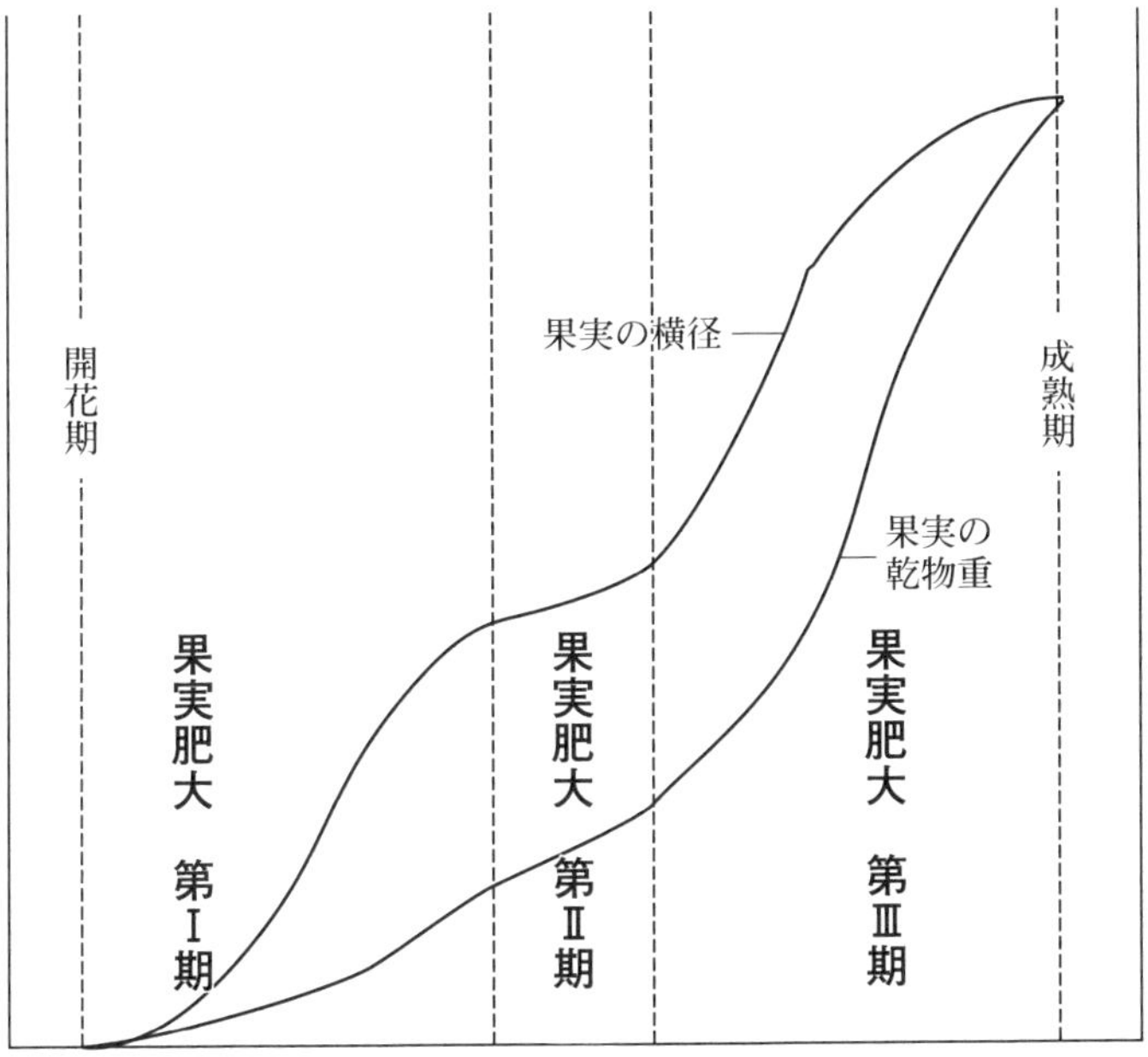

図2−7 果実の生長模式図 （高橋、2015）

よばれている。第Ⅱ期は種子が充実する時期にあたっているため硬核期ともよばれる（図2―7）。

果実肥大第Ⅰ期は、果実の細胞数が増えることによって大きくなる。第Ⅱ期は細胞分裂が終わり種子の充実に養分が奪われて、肥大は停滞する。第Ⅲ期は細胞が大きくなることによって、果実は肥大するといわれている。果実の肥大を促進するには、第Ⅰ期と第Ⅲ期が重要だといえよう。ただし、硬核期に種子の乾物率が高くなるので、果実乾物重は果実の太り（横径）とはちがい、あまり停滞はしない。

それでは、果実肥大第Ⅰ期と第Ⅲ期の肥大を促進するには、物質生産理論からはどうするのがよいのだろうか。これまで述べたように、果実は他の器官と競合関係にあると同時に、果実同士でも競合する。したがって、この両方の面から考える必要がある。

いずれの時期も、他の器官と果実同士の競合を考慮しなければならないが、第Ⅰ期は果実同士の競合を、第Ⅲ期は他の器官との競合を重視すべきだろう。しかし、見た目では実感しにくいが、果実への分配は肥大第Ⅱ期にも同じように行なわれているので、他の器官との競合は第Ⅱ期にも重視しなければならず、できれば新梢の生長は終えさせたい。

②第Ⅰ期の目標と手だて

● できるだけ早く果実を間引く

果実肥大第Ⅰ期は、果実同士の競合をできるだけ少なくすることが目標になる。この期間は新梢の生長期で、物質生産の工場である葉を増やすことが大切だからである。新梢との競合を避けるため新梢数を制限すると、葉面積の拡大が遅れてしまい、果実生産にとってマイナスになりかねない。したがって、果実同士の競合を避けることがおもな目標になるのである。

この期間の果実肥大促進は、結実確保を前提に、結実数の調節をできるだけ早めに行なうことにつきる。具体的にいえば、摘蕾と摘花、摘果である。

冬季せん定による花芽制限はさておき、生育開始後は、可能なかぎり早く果実を間引くことである。

●私の果実の間引き方
——カキとブドウの例

私の例をあげると、棚づくりのカキでは蕾が手でとれるようになると、一気に結果枝の花蕾を1個にしてしまう。そして、結実が確実視される品種や、ＧＡ（ジベレリン）処理ができる場合には開花後できるだけ早く摘果する。こうすることによって、果実肥大は明らかによくなる。

ブドウでは、'巨峰'を種子ありでつくる場合は結実が明らかになってからでないと十分な摘房はできないが、ＧＡ処理による無核栽培なら、できるだけ早く間引くべきだ。

花穂がみえだしたらカキと同じように、できるだけ早く摘穂して、1結果枝当たり1花穂にする。整穂できるようになったら、できるだけ早く行なって花蕾の数を制限する。これを行なうだけで、花穂の生育はそろい果粒の肥大は明らかによくなる。

③第Ⅱ～Ⅲ期の目標と手だて

果実肥大第Ⅱ期以後は、摘果は終了しているので、これ以上落としても意味がないわけで、他の器官との競合を抑制するしか対策はない。

他の器官では、「1 短い新梢を大事にする」と「2 徒長枝はむだに消費するだけ」で述べたように、新梢や徒長枝の茎が最大の競合器官である。したがって、茎への分配を減らす必要がある。

物質生産理論にそった管理がされているなら、この時期の新梢は全て伸長が止まっているはずなので、新梢のムラを誘引でなおすぐらいでよい。しかし、まだ新梢が伸びているなら、抑制するように管理する。

誘引、ねん枝、摘心、徒長枝抜きなどである。私は、リンゴもカキも棚づくりなので、垂直に伸びている新梢は、第Ⅲ期までに棚に誘引するようにしている。これによって確実に果実肥大はよくなる。

④糖度を高める管理

次に、糖度を高める管理について述べる。果実の乾物重は、果実肥大第Ⅲ期に急激に重くなる。それは、果実が肥大するのと同時に糖度を高めるからである。つまり、果実糖度は肥大と競合しているのである。

物質生産理論からすれば、いかに果実への物質の分配量を多くするかにつきるので、原則的には果実肥大の管理と同じである。

だから、果実肥大第Ⅲ期には、全ての新梢が生長を停止していて、生産された物質のほとんどが果実に分配される体制を、できるだけ早くつくり上げる必要がある。分配された物質は肥大と糖度上昇の両方に使われるが、肥大速度には限界があるから、それを超える供給量が糖度の上昇に使われる。

したがって、物質生産量の増大措置と適正着果量の厳守が必要なのである。

4 新根の生長も果実と競合

(1) 新根の大切な働き

果樹を収穫時期にそっくり掘り上げたとすると、全体の65％くらいが水で、34％くらいが炭水化物を中心としたもので、窒素（N）、リン（P）、カリウム（K）などの無機養分は1％くらいである。

ということは、水分のない乾いた果樹の体は、光合成でつくられた炭水化物がほとんどだということである。水も含めて元素でいえば炭素（C）、水素（H）、酸素（O）がほとんどで、肥料養分はごくわずかである。

年間の物質生産量は、多収園なら10ａ当たり1・5～2ｔ程度はある。そのなかで一年間に吸われた肥料要素は、窒素、カリウム、カルシウム（Ca）が各10㎏くらい、リン、マグネシウム（Mg）が4～5㎏でそのほかの養分はごくわずかだ。全部を合計しても50㎏にはならない。

ところが、量は少なくても果樹の生長にとってはなくてはならない元素である。これらの元素を吸収するのが新根である。だから新根は、物質生産の工場といわれる葉と同じように大切な器官である。

(2) 新根の生長

① 白い根が新根

新根は、普通はわれわれの目にみえない。しかし、春から夏にかけて根の生長が旺盛なときに、幹近くの土をていねいに掘り返すと、細い網の目のような根のかたまりがみつかることがある。また、収穫後しばらくしてから同じようにすると、真っ白でけっこう太い根がみられる。これが新根である。

ていねいに掘ると、図2―8のように、先端の白い部分と、その少し元のほうから根毛が伸びているのがみえる。この先端部分で、養分や水分を吸収する。地温が高いほど養水分吸収能力の寿命は短い。といっても新根は生長しつづけるので、先端から2㎝くらいのところまでは常に養水分吸収能力を維持し、それより基部は輸送器官として機能している。

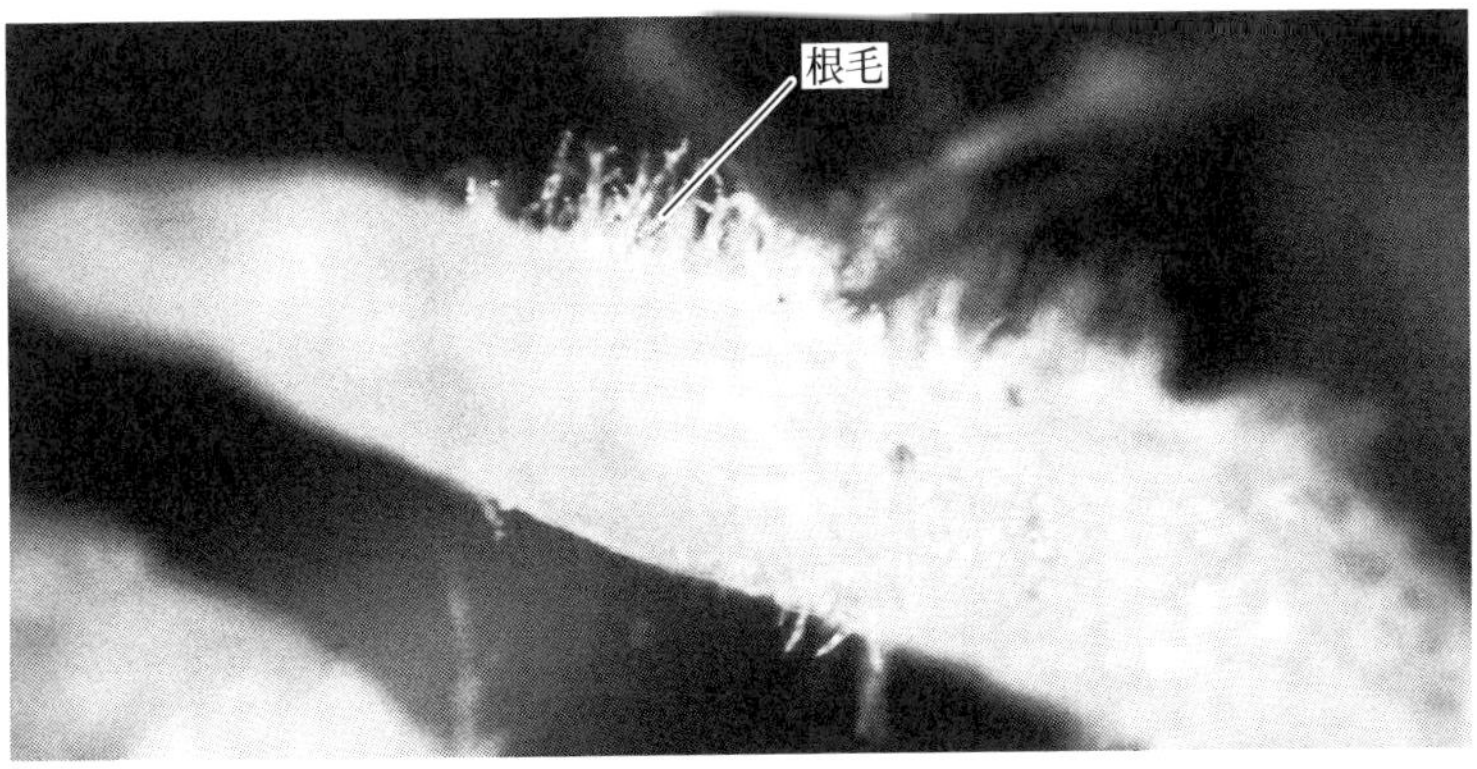

図2−8 ブドウ‘巨峰’の新根と根毛

② 根の生長には物質が必要

新根は春に伸び出して収穫期ごろにいっ

たん生長を停止し、その後しばらくして生長しはじめ晩秋まで生長する。

当然であるが、新根の生長には物質が必要である。春は樹体内に蓄えていた貯蔵養分を使って生長する。秋は収穫で果実という消費者がいなくなったので、葉でつくった物質を使って生長する。

根の生長には、物質以外に温度、水、空気（酸素）、肥料養分が必要である。だから、根の張る範囲が広くあっても、こうした条件がなければ根は伸びない。

わが国の果樹園では、根の発生は地下20cmから30cmの範囲に多い。それは、その範囲が根の生長に適しているからであり、土壌管理によって深くまで伸ばすことは可能である。

(3) わい化や根域制限栽培は多収技術 ——根への物質の配分が少ない

ここで、物質の分配の面から、根についてみていこう。根には樹体をささえるという重要な役割がある。そのために、深耕して根を張らせる必要がある。

しかし、根が深く広く張るほど、根に分配される物質は多くなる。当然、それだけ収量は減ることになる。

あんがい知られていないようだが、わい性台木のリンゴは収量が多い。それは根への物質の分配が少ないためである。近年果樹のハウス栽培が増えるにつれ、根域制限という技術が開発された。灌漑水を加減することによって、樹勢をコントロールし、高品質多収をめざす栽培である。

根域制限すれば、根の量が減るだけ果実への分配が増える。したがって、根域制限栽培は物質生産理論から考えると、多収技術ということができる。

5 旧枝・旧根の働きと生長

(1) 旧枝・旧根の生長

2年以上経った枝は、側枝、亜主枝、主枝、主幹などとよばれるが、物質生産理論ではまとめて旧枝とよぶ。また、新根以外の旧い根は根幹、太根、中根、細根などとよび分けることもあるが、ここではまとめて旧根とよぶことにする。

旧枝と旧根は樹齢を経るにしたがい、高くあるいは深く伸び太っていく。それは、より広い範囲から光を受けるため、あるいは地下の広い範囲から養水分を吸収するためである。

それと同時に、大きくなっていく樹体をささえる役割もはたしている。

旧枝と旧根は輪切りにすると年輪がみえ、形成層の外側は師部（樹皮）で、内側は木部（材の部分）である。年輪は木部だけでなく師部にもあり、形成層の内と外の1層が新しい年輪である。この新しい年輪が、その年の物質生産によって生長した部分である。

(2) 旧枝・旧根は物質の移動と貯蔵をになう

物質生産上、旧枝・旧根はどんな役割をはたしているのだろうか。

第一に旧枝と旧根は、道路に似た役割を

している。葉でつくった物質をしょ糖の形にして樹体のすみずみまではこぶのが師部（樹皮）であり、養水分をはこぶのは木部（材）である。

追い出し枝の基部を環状《かんじょう》剥皮《はくひ》すると、果実は太り糖度が高くなる。葉でつくられた物質を他の枝や根に送る必要がなくなるため、果実への分配が多くなるからだ。このように、環状剥皮すると光合成生産物の輸送が途切れてしまう。

枝の大きな切り口を放置すると、枯れ込みがはいり枝や幹に空洞ができることがあるが、道路の一部が崩壊したと同じで、養水分の通り道が狭くなったことになる。

第二は、収穫後に生産した物質の貯蔵庫である。枯れ木のような落葉果樹が、春になると芽を出し、花が咲き、新梢が生長するのは、旧枝や旧根に養分が蓄えてあるためである。

(3) 徒長枝が多いほど肥大して物質を多く使う

旧枝である幹や主枝は目にみえるが、それが日々生長・肥大していることを実感するのはむずかしい。ましてや、地下にある根が肥大しているのはみえない。

しかし、旧枝や旧根といえども生長している。芽が出ると同時に肥大しはじめ、落葉前には終わる。

図2―9は、ナシ'二十世紀'の旧根の肥大生長をグラフにしたものである。全体の傾向をみると、発芽後の根はやせ細っており、4月の中旬をすぎて太りはじめ、6月上旬から急激に太る。そして、果実肥大第Ⅲ期の8〜9月になると停滞し、収穫後の9月下旬ごろから再び太って停止する。

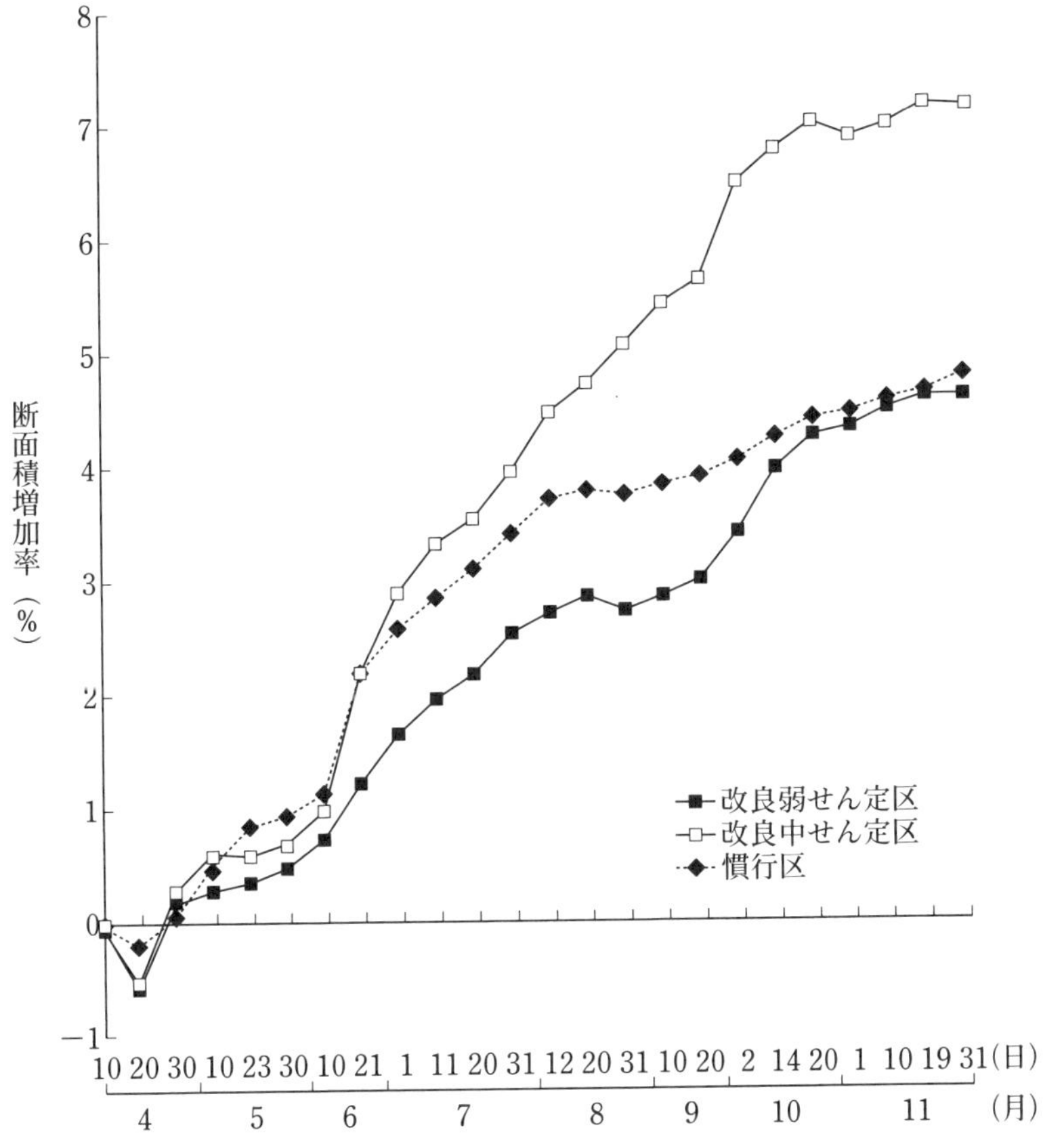

図2−9 ナシ'二十世紀'のせん定強度と太根（旧根）の断面積増加率
（島根農試、1993）

旧枝も同じように成長・肥大しており、肥大するのは新しい年輪が生長するからである。年輪の生長と果実の物質競合は当然おきることになる。

強大な徒長枝が群がって伸びているような樹では、年輪の幅は広くなる。このような樹は、当然のことながら果実の収量は劣る。適正な樹相への誘導が大切なゆえんである。この研究の内容については、第3章4—(8)項で述べるが、葉面積指数に対する収穫量は、改良中せん定区が最も少なく、慣行区、改良弱せん定区の順で多くなっている(注)。果実分への分配が少ないほど、旧枝や旧根の肥大がよいということである。

(注) 改良弱せん定区は、発育枝や短果枝を多く残し、改良中せん定区はやや多く残してせん定。慣行区は、当時普通に行なわれているせん定をした区である。

第3章 果樹の生長パターンと栽培のポイント

この章では、落葉果樹の生長を物質生産の動きでみればどうなるかについて述べる。まず果樹の1年間の生長パターンから始めて、器官ごとの生長パターン、永年生樹としての生長サイクルについて説明したい。

1 1年間の生長パターン

(1) 年間の生長は4期に分けられる

落葉果樹の生長を物質の消長からみると、消費再生産期→拡大生産期→蓄積生産期→休眠期ととらえることができる(図3—1)。

図3—2は、8年生のナシ〈二十世紀〉を、決めた期日に掘り上げて器官別に分け、乾燥機で乾燥させた器官別乾物重の季節変化を示したものである。

これを、晩生品種を想定して、わかりやすいようにグラフにしたのが図3—3である。

① 消費再生産期

消費再生産期とは、前年に樹体へ貯蔵した養分で生長を開始してから養分転換期までをいう。

落葉果樹は、旧枝《きゅうし》・旧根《きゅうこん》に蓄えていた貯蔵養分を消費して生長をしはじめる。やがて、新梢《しんしょう》の生長にともなって増える葉で物質生産《ぶっしつせいさん》を行なう。しかし、生育初期は、生産される物質より消費されるほうが多いため、樹全体の物質量は減る。

そのようすは、図3—2、図3—3の旧枝と旧根をみるとよくわかる。しだいに新葉による物質生産《ぶっしつせいさん》量が増え、貯蔵養分の消費量を超えるようになる。この時期を**養分転換期**とよぶことにしたい。

図3—2をみると、発芽から開花期までは、新梢の茎（以下、茎とする）、葉、果実や新根（細根）などは増えているが、旧枝と旧根は減っていることがわかる。全体の重さは開花期が最低になっているが、これは調査時期の間隔が広いためで、養分転換期はもう少し後になる。

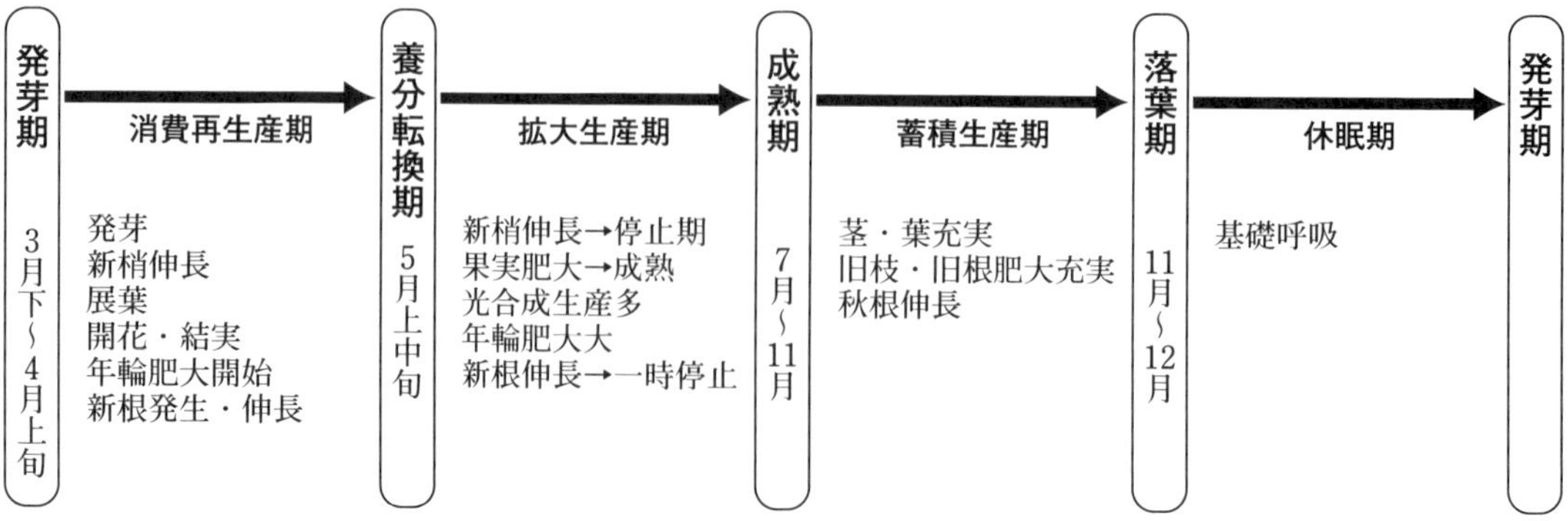

図3−1　落葉果樹の1年間の生長パターンと物質生産図

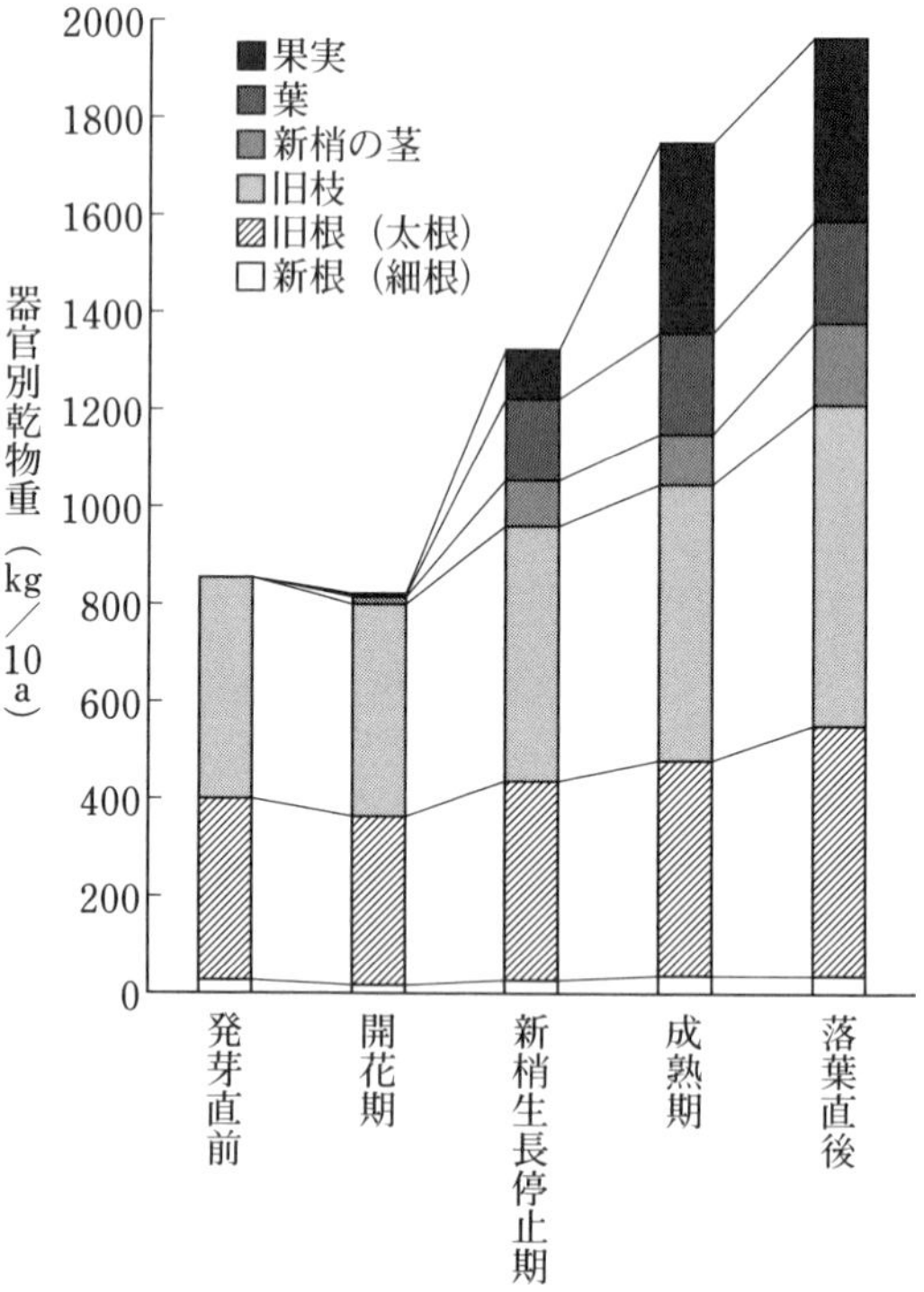

図3−2　8年生ナシ‘二十世紀’の器官別乾物重の季節変化

（内田ら、1984）

②拡大生産期

養分転換期をすぎると、拡大生産期に入る。この時期は、物質生産が最も盛んで、葉の拡大への物質の分配が先行し、後半は果実への分配が急速に多くなり成熟期をむかえる。果実生産にとって最も重要な期間だといえよう。

当然であるが、新根の生長も旺盛で、養水分の吸収も盛んである。

③蓄積生産期

蓄積生産期は、収穫後から落葉するまでの期間をいう。収穫後は果実への分配はなくなるため、物質はそのほかの器官へ分配される。しかし、葉はいずれ落ちるので、葉への分配はそんなに多くない。

物質が最も多く分配されるのは、茎と新根を除けば旧枝と旧根で、翌年の生長のためのおもな養分の貯蔵庫になる。

④休眠期

休眠期は葉が落ちてから芽が出るまでの期間をいう。葉のないこの期間は、物質生産は行なわれず、生命維持のために消費されるだけで、その量はきわめて少ない。しかし、生理的には、休眠覚醒などの質的な変化が行なわれる期間である。

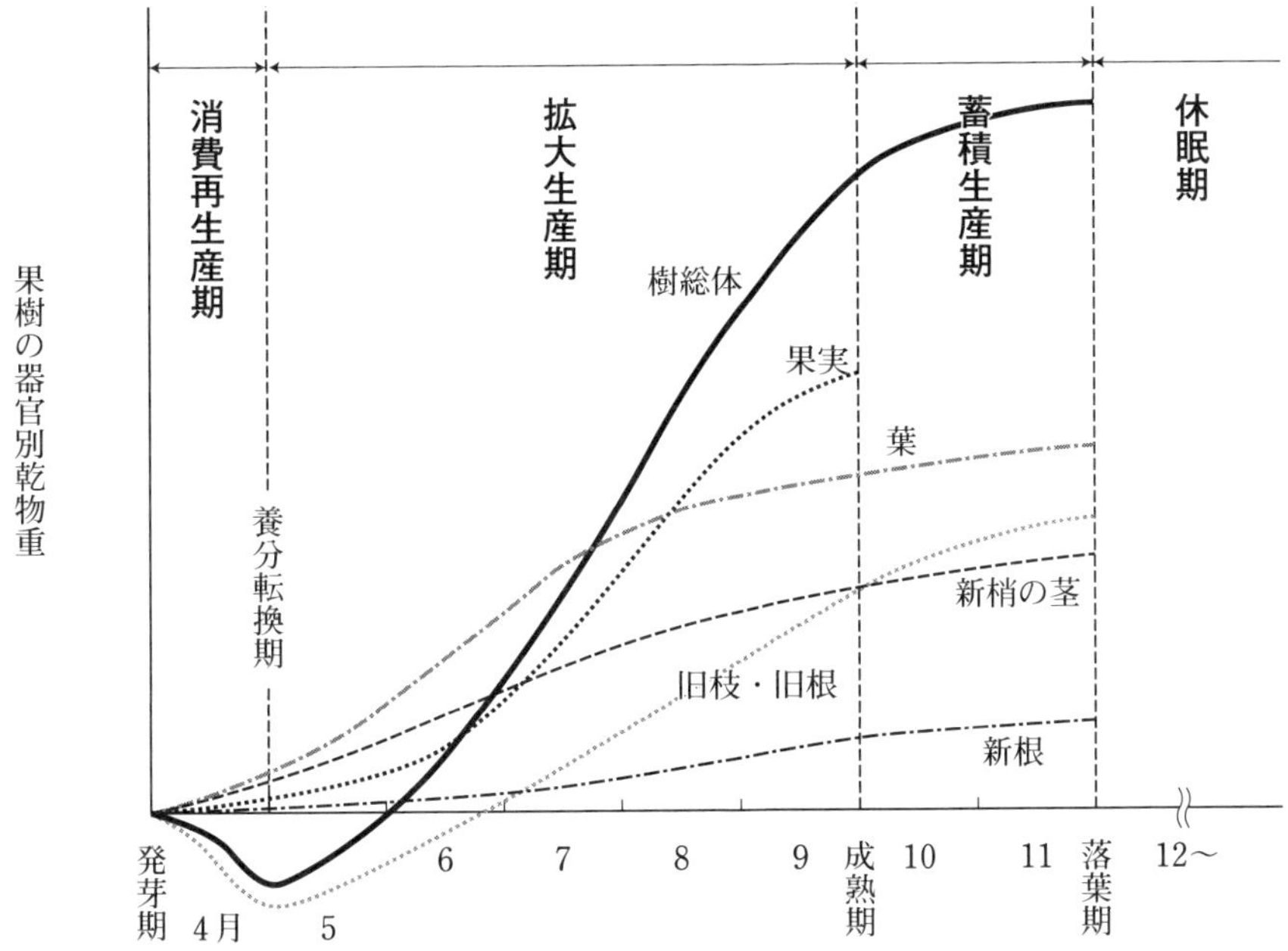

図3−3 果樹の器官別乾物重の季節変化のパターン （高橋、2015）
成熟期は品種により変動する

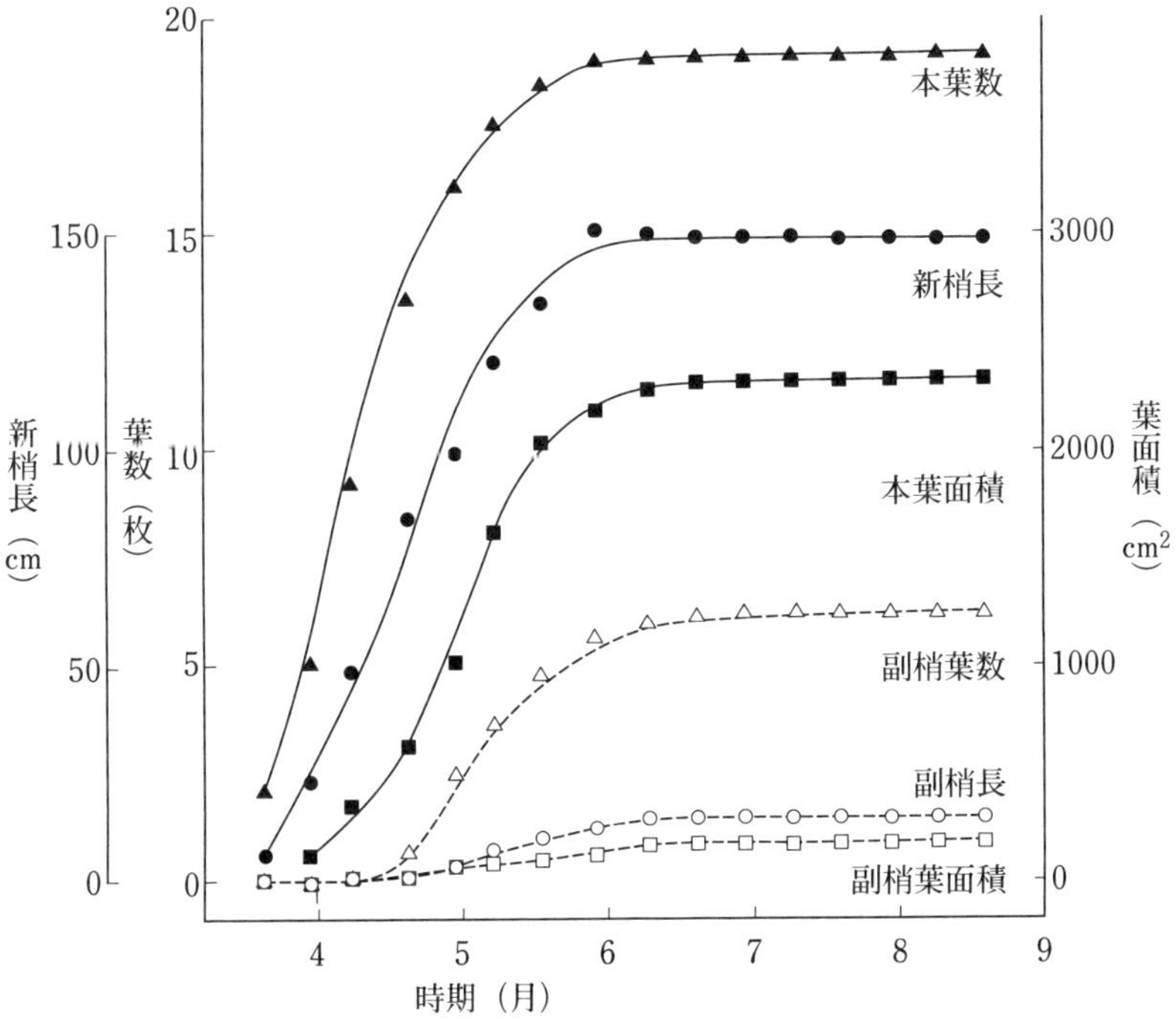

図3−4 雨よけ栽培ブドウ‘デラウェア’の中庸な新梢の生長 （高橋、1982）

(2) 全ての器官はS字カーブを描いて生長する

果樹の生長は新梢の伸び、葉数の増加、果実の肥大などで知ることができる。第2章で述べたり本章4―(8)項で述べるように、目にはみえにくいが旧枝や旧根も生長している。

発芽には一定の温度が必要だとか、一定温度までは気温に比例して生長するなど、生理的なことは既知のこととして、ここでは物質生産理論を理解するために必要と思われることを中心に述べる。

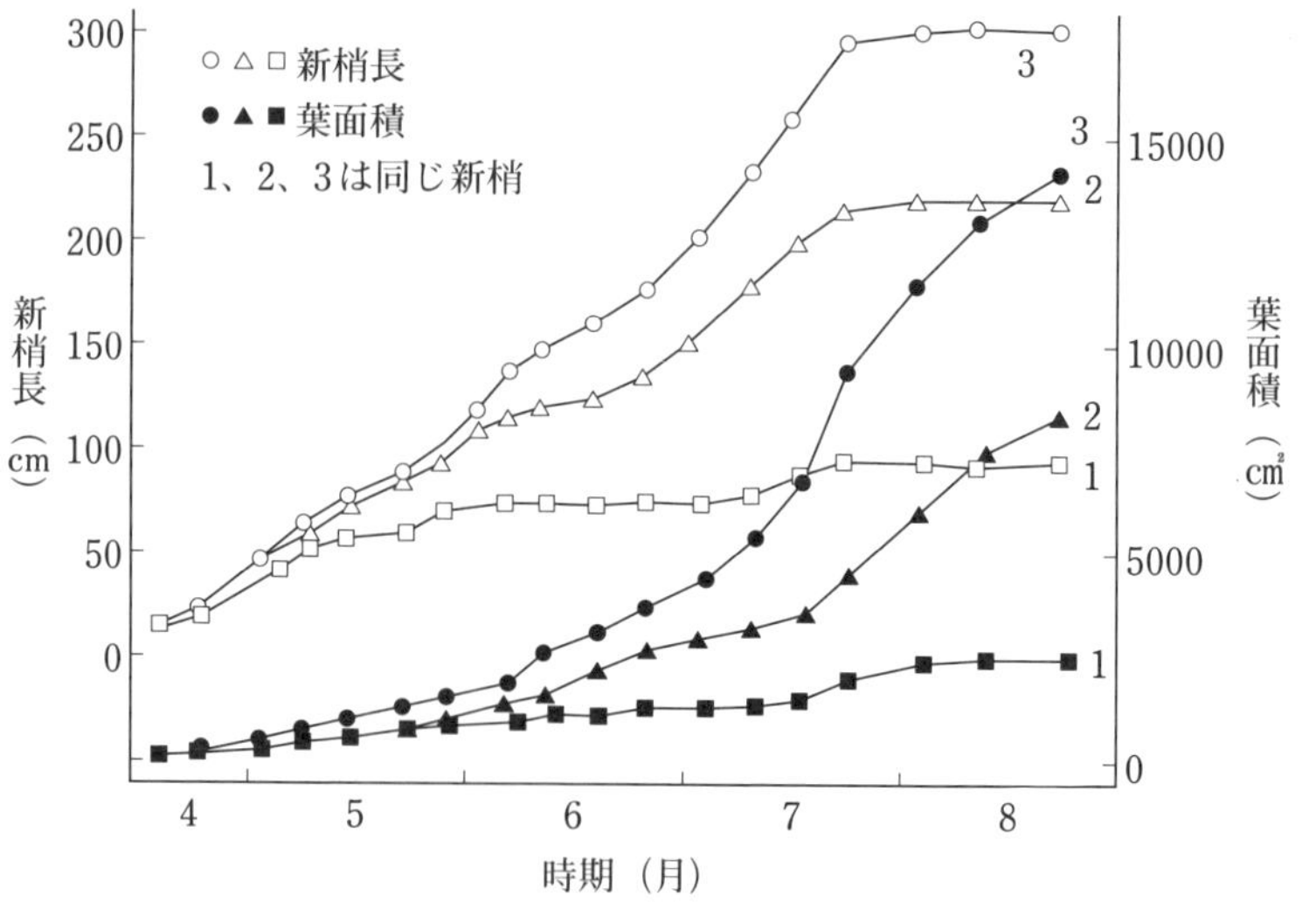

図3－5　無加温ハウス栽培ブドウ‘巨峰’の3次生長枝における新梢の長さと葉面積の季節変化
（高橋、1979）

①S字カーブの法則にしたがって生長

生長は一直線に行なわれるのか、あるいは断続的なのか、なにか法則的なものがあるのだろうか。

果樹は、自然のなかで生きており、生長にも紆余曲折があるのはさけられない。しかし、一般的にいえば、全ての器官はS字カーブ（S字状曲線、シグモイド曲線ともいう）を描いて生長している。

生物の生長は全てこの法則にしたがっており、自動車を運転して発車してから停車するまでの動きに似ている。車はゆっくりと走り出して定速になり、停車するときは徐々に速度が遅くなって止まる。

これは、慣性という力が車にかかるためであると理科で習ったはずだが、果樹の生長もこれに似ている。

②新梢の生長曲線

新梢の生長について、ブドウ〝デラウェア〟を例にあげると図3―4のとおりである。

長さ、葉数、葉面積のいずれもゆっくりと生長を始め、しだいにはやくなり、頂点に達した後ゆっくりと停止する。この状態が英語のSの字に似ているので、S字カーブとよばれたようだ。

このような生長曲線は全ての果樹で共通しており、果樹生長の基本的な法則としてしっかり記憶する必要がある。だが、生物は自然や人為の影響を強く受ける。

図3―5は、ハウス工事のため根を4分の3も断根したブドウ〝巨峰〟の新梢3本の生長を、長さと葉面積について示したものである。いずれもS字カーブを描いて生長するが、とちゅうで生長を停止し再び伸びることをくり返している。乱れがあるものの、3回くり返して生長（3次生長）しているようすがわかる。

一般の栽培でも2次伸長がみられるのはめずらしいことではないが、そのときでも、1回の生長はS字カーブを描いているのである。

③果実の生長曲線

果実の生長を果実乾物重の変化でみると、図3―6のようになる。開花後しばらくは増え方がきわめてゆるやかであるが、6月ごろからはやくなり、いったんゆるやかになって、より急速に増えた後、またゆるやかになって成熟期をむかえる。

図3―6ではわかりにくいので、もう少しくわしくみるためにブドウの例を示したのが図3―7である。結実後から示してい

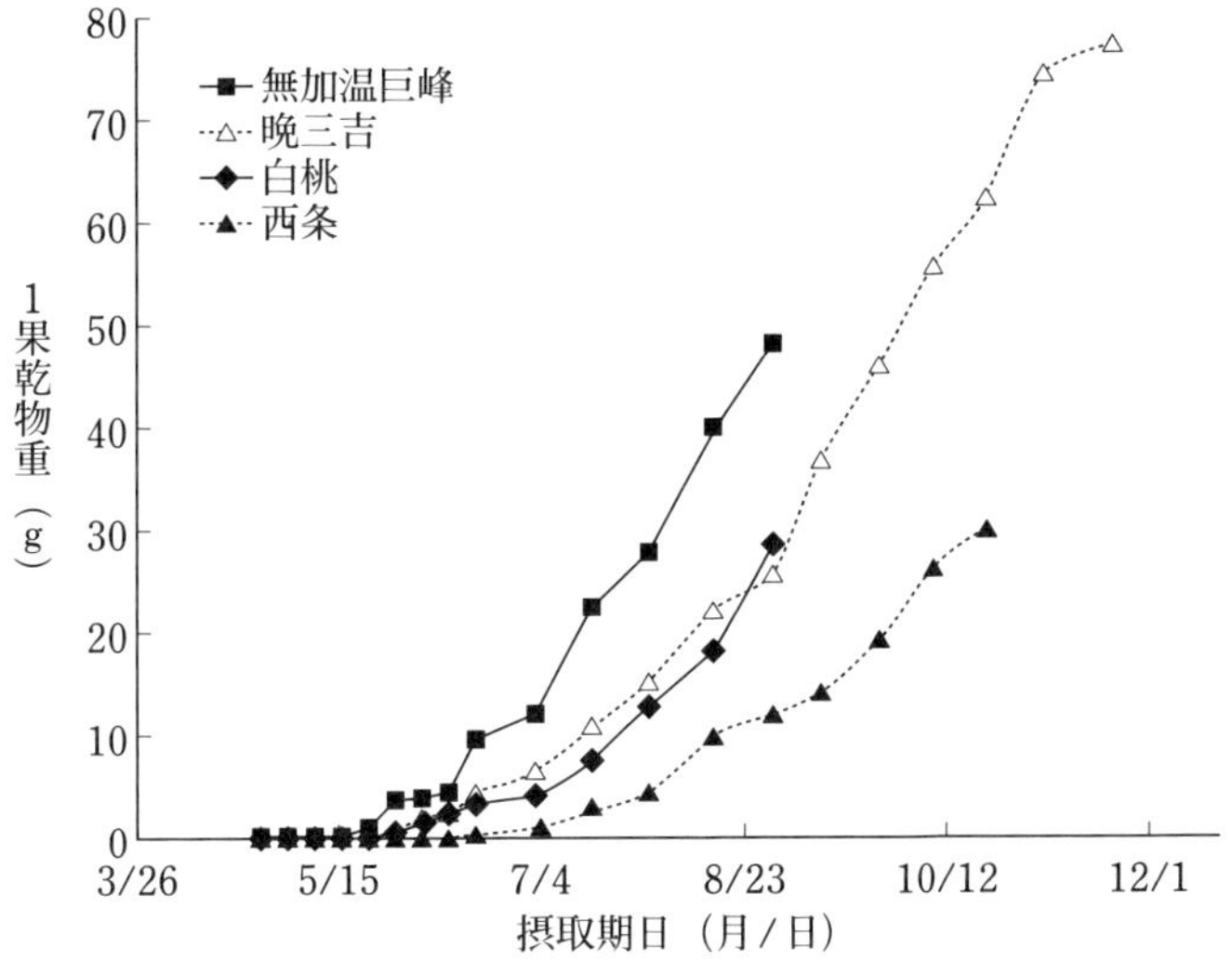

図3−6　モモ'白桃'、無加温ハウスブドウ'巨峰'、カキ'西条'、ナシ'晩三吉'の果実乾物重の季節変化　（島根農試、1984）

巨峰だけがハウス栽培で他は露地栽培

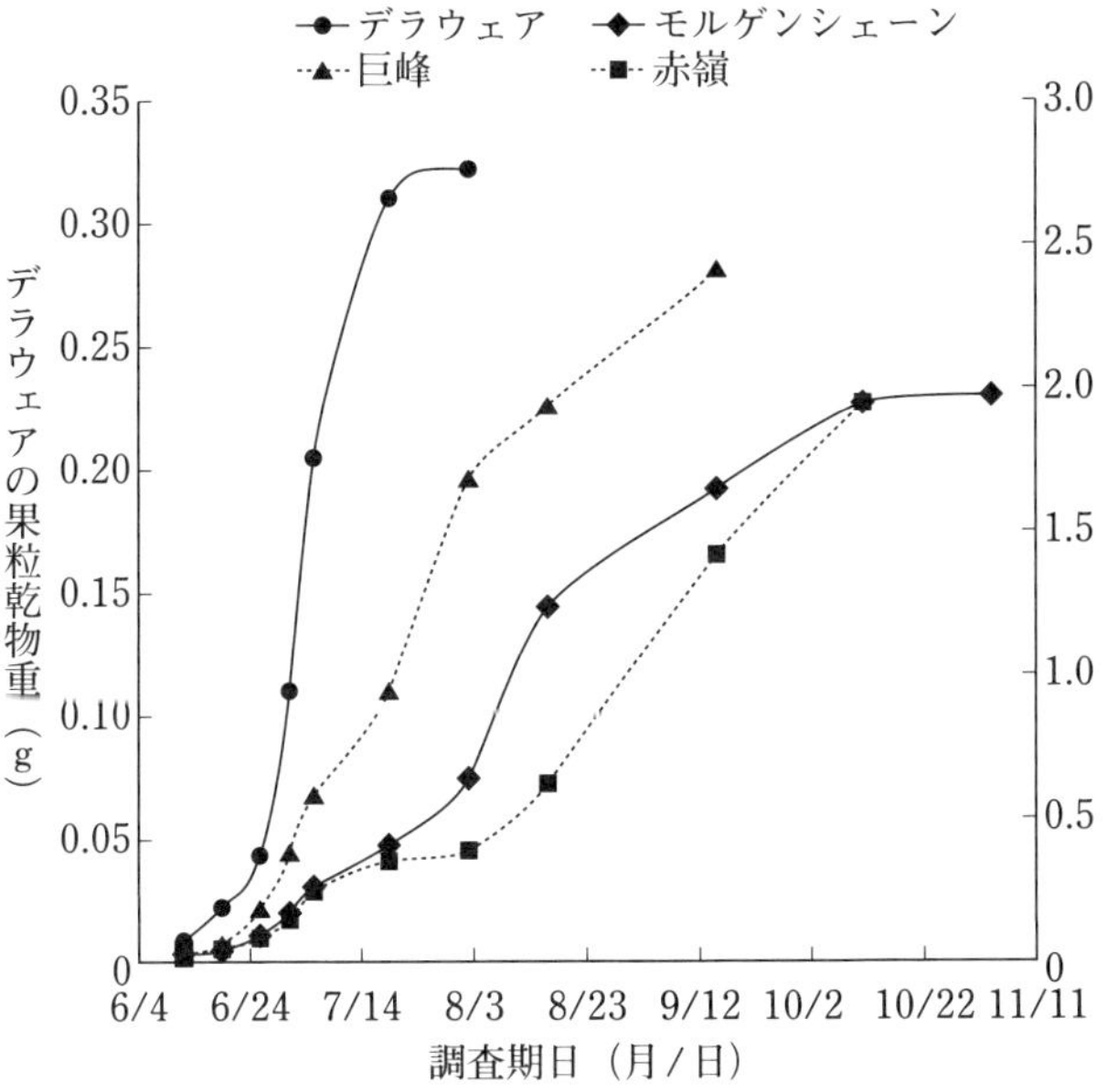

図3−7　ブドウ4品種の果粒乾物重の季節変化　（島根農試、1996）

'巨峰'は無加温ハウス栽培、その他は雨よけ栽培であり、開花期を'モルゲンシェーン'に合わせて補正した

るが、花穂をも考慮にいれると、初期の増加はもっとゆるやかになる。

結実後の果実（粒）肥大第Ⅰ期ではゆるやかに増えて、6月中旬ごろから急激になり、しばらくすると果実（粒）肥大第Ⅱ期になってカーブはゆるやかになるが、傾向は第Ⅰ期と同じである。第Ⅲ期になるとより急速に増え成熟期になる。'モルゲンシェーン'は抑制栽培のため、後期の増加はゆるやかになっている。

物質生産理論からは、果実の乾物重の変化が重要で、いずれの種類、品種でも第Ⅲ期に多くの物質が必要であることがわかると思う。

④新根の生長曲線

次に新根の生長についてみよう。図3−8は、作型がちがうブドウ'巨峰'の新根の生長を示したものである。

新根の生長は2回あり、春から生長した根は成熟期でいったん停止する。収穫後再び生長し、地温の低下とともに停止する。新根もS字カーブを描いて生長している。

⑤旧枝、旧根の生長曲線

最後に旧枝と旧根であるが、旧根の成長は第2章の図2―9で紹介しているので、ここでは旧枝について示した。図3―9がそれで、ナシ'二十世紀'の主枝基部の断面積の肥大の経過を示している。

調査間隔が長いので、きれいにあらわれていないが、旧根と同じように消費再生産期には縮み、養分転換期後はS字カーブを描いて肥大する。秋には曲線が乱れているが、樹皮の脱落や枯死などが関係しているのではないかと想像している。

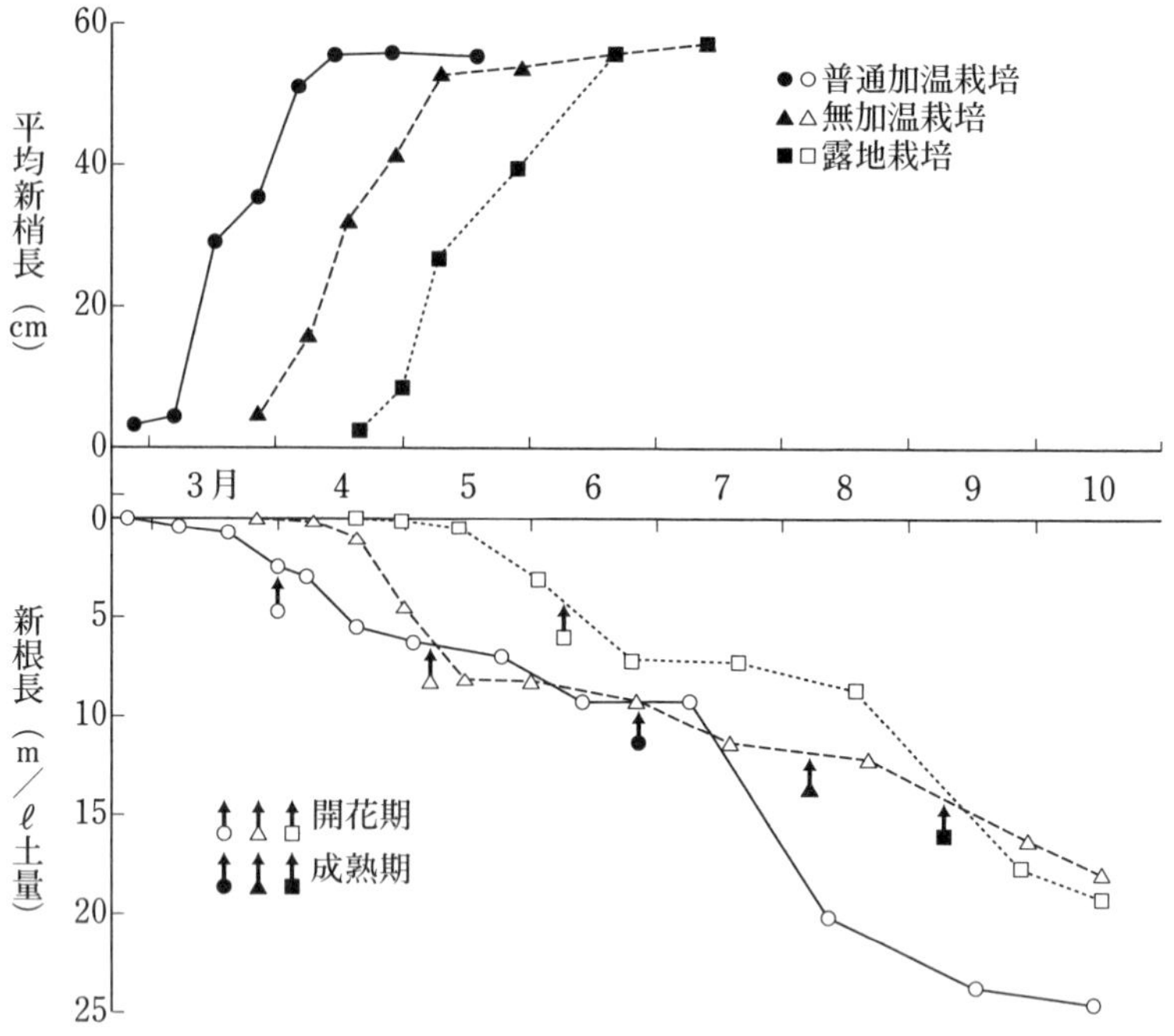

図3－8　作型のちがいとブドウ'巨峰'の新梢生長と新根生長の季節変化

（山本、1986）

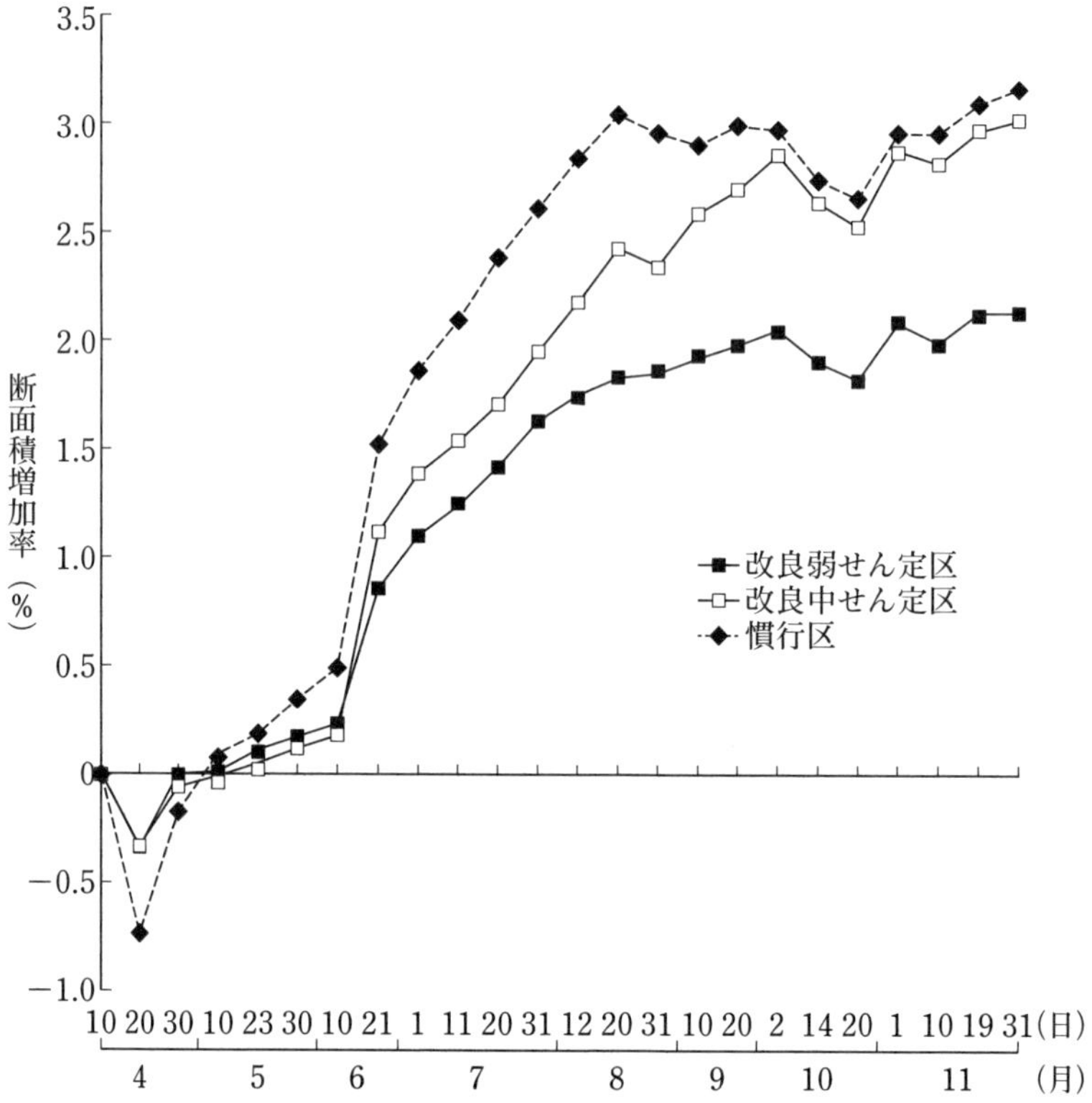

図3－9　ナシ'二十世紀'のせん定強度と主枝基部の断面積増加率

（島根農試、1993）

2 永年の生育サイクル

落葉果樹は1年で生命を終えるのではなく、永年にわたって生長しつづける。そのため、1年の生長は種子からではなく、苗木またはそれまで育ててきた樹から始まる。ここでは永年生作物としての果樹の生長サイクルについてみておきたい。

(1) 落葉果樹の永年の生長と物質量の季節変化

図3―10は、落葉果樹の成木を想定して、落葉やせん定枝などを除き、園内にある物質量（樹体乾物総量）の増減について模式化したものである。図の最初の物質量は、せん定後の旧枝と旧根の重さと考えてほしい。

春になって、生育適温になると、芽が動きだし生長を始める。そして、養分転換期までは貯蔵養分を食いつぶしながら、新梢が生長し物質生産体制をつくっていく。それと同時に、果実も生長する。

養分転換期を物質経済収支の底として、物質生産はプラスに転ずる。そして、1年で最も多くの物質を生産し収穫期をむかえ

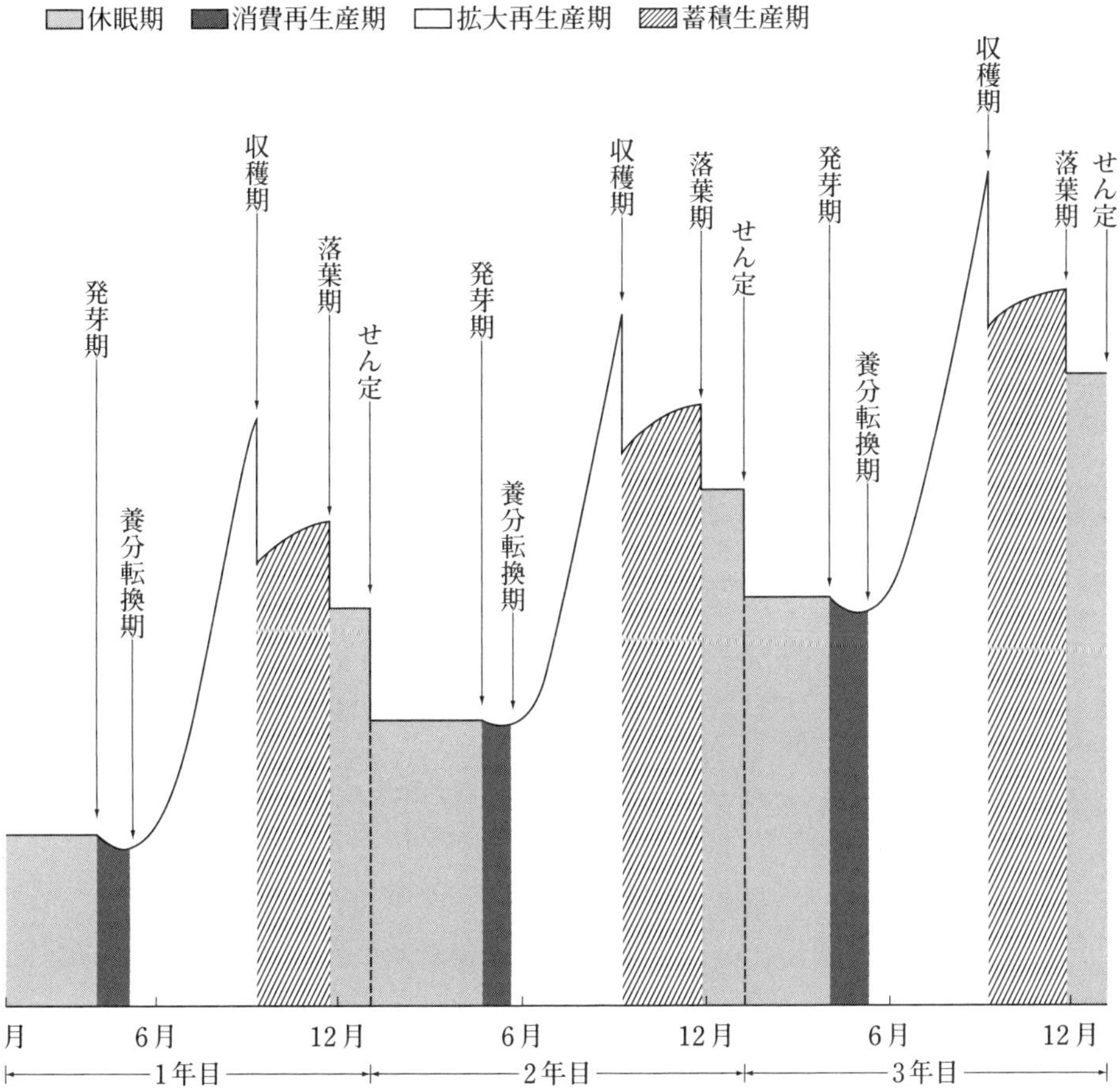

図3−10 落葉果樹の物質量（樹体乾物総量）の季節・年変化（模式図）

る。この収穫直前の樹体乾物重が1年で最も重いのである。

収穫が終わると乾物重は一挙に低下する。その後は、残った器官の生長と充実によって乾物重は増えつづけ、気温が低下して生長限界温度になった時点で生長を終えるが、落葉した重さだけ乾物重は低下する。そして、せん定によりさらに低下する。冬期間の乾物重はほとんどかわらない状態で春をむかえる。

(2) 果樹の物質量は毎年増えつづける

このような物質量の変化をくり返しながら、旧枝・旧根の年輪分だけ増えつづけるのである。したがって、順調に生長する果樹の物質量、いわゆる園内で生きつづける果樹の物質量は増えつづける。

旧枝・旧根に毎年取り込まれる物質の4割くらいは炭素である。したがって、それが腐敗して空中へ放出されないかぎり、果樹は地球温暖化を防止する役割をになっているのである。

細かいことをいえば、開花後の花弁や花粉の脱落、摘果や夏季せん定による減少などもあるが、無視してある。また、カミキリムシなどの樹冠害虫の被害、あるいは旧枝・旧根の一部が枯死して腐敗したりするなどの物質の減少もあるが、全体の傾向をみるのが目的なので、無視してある。

以上が複数年にわたる果樹の生長リズムである。

3 消費再生産期の生長と栽培のポイント

イネや野菜が種子から生長して植物体になるのは、種子のなかに生長に必要な各種の栄養素がはいっているからである。

落葉果樹は、種子のかわりを旧枝と旧根がしている。この項では、貯蔵養分を使いながら生長を始めてから養分転換期までの、消費再生産期の生長についてややくわしく述べる。

貯蔵養分の量はどれくらいか、どのように使われるのか、養分転換期はいつか、むだな消費をおさえる管理はなにか、そして、この時期で重要なのは葉面積の拡大であることについてみていきたい。

(1) 生長は貯蔵養分で始まる

①物質量についての知見は少ない

落葉果樹が春になって生長できるのは、旧枝と旧根に蓄えた貯蔵養分のためであるが、その量についての知見は多くない。たとえば、新梢が生長するのに必要な貯蔵養分はどれくらい必要か、どのように使われるのかなどについて、きちんとした数字で示すことはできていない。

しかし、感じとして理解できるような実験はできる。ここでは、そのような実験例を示しながら、消費再生産期について説明したい。

新梢や結果枝は、正常に生長するのにどれくらいの貯蔵養分が必要だろうか。これはかなりむずかしい問題だが、ブドウの実験について紹介してみたい。

デンプンは貯蔵養分の大部分をしめているので、それがどの程度枝や根にあるかを知りたくなる。デンプンがヨード・ヨードカリ液で黒く染まるのを利用して、枝や根のなかにあるデンプンの多少が判断できる。

②貯蔵養分でいつまで生長できるのか ——ブドウでの実験

●実験の方法

36ℓのポリ容器で育成したブドウ'デラウェア'に、5芽にせん定した結果母枝3本を残して、次のような処理区をつくった。光のない暗室で育てるしゃ光区、5芽でせん定した結果母枝の基部を環状剥皮《かんじょうはくひ》して、新梢1本を残した母枝剥皮区、貯蔵養分を減らすため前年の9月上旬に葉を摘みとった早期摘葉区、幹の地ぎわを環状剥皮した幹剥皮区、それになにもしない対照区の6区である。

図3−11 幹剥皮区の剥皮部

図3—11は、幹剥皮区の写真であるが、こうすると、根へ物質を分配できなくなる。結果母枝の基部を環状剥皮すると、母枝の貯蔵養分だけで生長を始めることになる。暗室で育てると、貯蔵養分だけでいつまで生長できるかが判断できる。

●貯蔵養分が十分あれば正常に生長する

図3—12は5月17日の新梢の比較写真である。左端はしゃ光区であるが、暗黒のなかで育てても、新梢は徒長して長くなるものの生きていた。開花後しばらくして枯れたが、2カ月くらい生きるだけの養分を蓄えていたことになる。

左から2番目は、結果母枝剥皮区で、新梢長、葉、花穂の全てで右端の対照区より劣り、大きさは5分の1程度にすぎなかった。しかし、果房は小さく外観は劣るものの、質的な意味で生育状態は正常なものとほとんど同じだった。

左から3番目は、幹剥皮区だが対照区とほとんど見分けがつかない。貯蔵養分が十分あれば、根からの養分供給がなくても、樹は正常に生育するということである。このことは、収穫後に間伐する樹の地ぎわを環状剥皮すれば、果実の品質・収量ともよくなることを意味している。実際に追い出し枝の基部を6月ごろに環状剥皮すると、果実の収量や品質が高まることはわかっており、技術化されている。

その右は、早期摘葉区で、幹剥皮区や対照区にくらべ明らかに生長が劣っている。早期落葉などで葉が早くなくなると、養分の貯蔵が十分に行なわれないことを意味している。

●9月上旬以後の葉が貯蔵養分に貢献

このように、樹体内の貯蔵養分は初期の生長に大きく影響するが、ここで注目したいのは、早期摘葉区である。この区の樹は旧枝・旧根全てから貯蔵養分を消費してい

図3－12　ブドウ‘デラウェア’の貯蔵養分実験　（高橋、1977）
左からしゃ光区、結果母枝剥皮区、幹剥皮区、早期摘葉区、対照区

る。これまでの研究で、９月上旬摘葉でもデンプン（貯蔵養分の大部分をしめる）はかなり蓄積することがわかっていて、樹全体の貯蔵養分は対照区の半分以上あると考えられる。それにもかかわらず、地ぎわを剥皮した幹剥皮区より明らかに生育が劣っている。

　このように〝デラウェア〟では、収穫後である９月上旬以後の葉も重要であることが明らかであり、後述するように、早期に摘葉すると葉から茎へ窒素が送れないことも関係しているかもしれない。この事実は、貯蔵養分は樹体内に蓄えられる炭水化物の量だけではなく、含有率や無機成分も大切であることを示しているようにみえる。

③生長によるデンプンと乾物量の変化

●ブドウの根と結果母枝のデンプンの変化

図３―13は、貯蔵養分のデンプンが、どのように使われ貯蔵されるかをみるため、３年生鉢栽培の〝デラウェア〟の結果母枝と根を、掘り取り調査した日に０℃で冷蔵しておき、翌年に取り出して薄く輪切りにしてから、ヨード・ヨードカリで染色したものである。黒く染まっているほどデンプンが多い。

　上段は根で下段は結果母枝である。休眠期は結果母枝も根も黒く染色されていて、デンプンが十分貯蔵されている。展葉８～９枚期は養分転換期ごろにあたり、デンプンは消費されてほとんどみられない。なお、すでに新しい年輪が生長しているのがうかがえる。

　その後ＧＡ後期処理までデンプンはほと

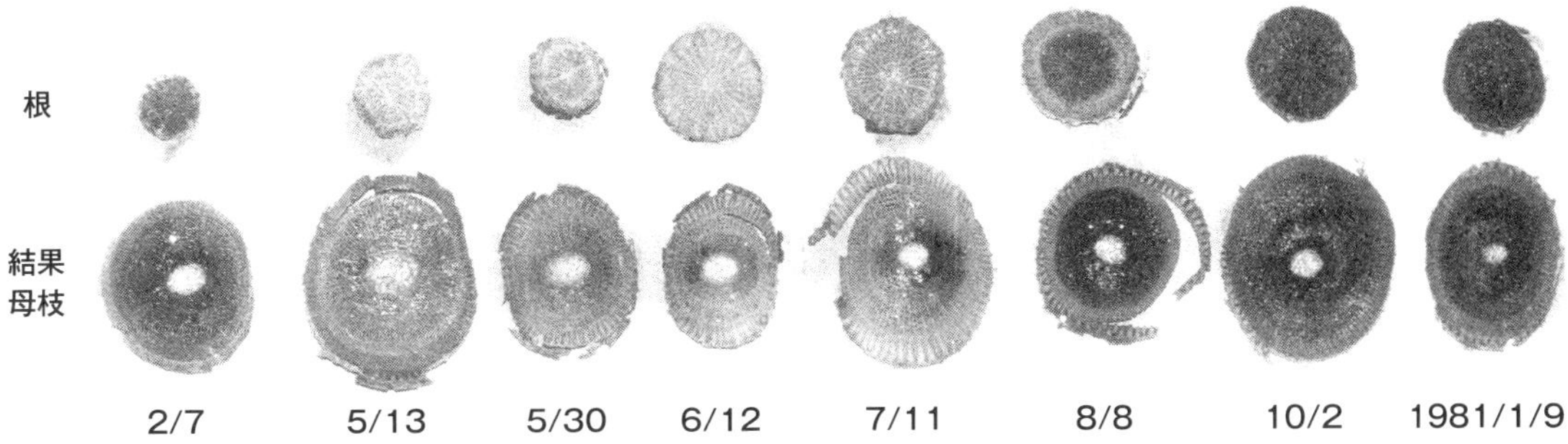

図3−13　ドラム缶半切り鉢栽培3年生‘デラウェア’の結果母枝と根に含まれるデンプンの消長　（高橋、1980）
左から1980年2月7日（休眠期）、5月13日（展葉8～9枚）、5月30日（開花期）、6月12日（GA後期）、7月11日（ベレゾーン期）、8月8日（成熟期）、10月2日、1981年1月9日（休眠期）

んどみえない。しかし、ベレゾーン期（実が柔らかくなりはじめる時期）には母枝の中心部にデンプンが少しみられ、成熟期にはかなりの量が貯蔵されているのがわかる。そして、10月2日には休眠期と見分けがつかないほど貯蔵されていた。

●ブドウの器官別乾物重の変化

図3―14は、図3―13の実験で使った3年生鉢栽培の‘デラウェア’の器官別乾物重の変化をグラフ化したものである。実験に使った鉢植え‘デラウェア’の生長は旺盛で、ベレゾーン期ごろまで伸びつづけた。

器官別の乾物重の変化をみると、発芽後の果実と新梢はよく生長して乾物重は発芽前の10倍になった。旧枝と旧根は、発芽後の乾物重は著しく低下し、元の重さまで回復したのは6月になってからだった。

新根では7月中旬以後に著しく増え、根全体の乾物重は数倍になった。

●リンゴの器官別乾物量の変化

次に、リンゴの4年生M9中間台木‘ふじ’の例を図3―15と表3―1に示そう。発芽後、葉と新根の生長が旺盛になり、5月25日には新器官の乾物重は増えているが、旧枝と旧根の物質量は大幅に低下している。旧枝と旧根に蓄えられていた貯蔵養分が、新しい器官の生長に使われたことがよくわかる。

しかし、5月25日には、全体の物質量が増加しており、養分転換期をすぎていることもわかる。貯蔵養分は生長初期に消費されて著しく減っているので、この時期の貯蔵養分の重要性がくみとれる。

なお、樹齢を経て樹が大きくなると貯蔵養分量が多くなるため、減る程度は少なくなる。そのため、新梢（結果枝）や結果母枝内のデンプンがなくなることはない。

図3―13の実験では、使ったのが幼木であったことと、樹勢がきわめて旺盛だったので、7月11日のベレゾーン期まで結果母枝へ貯蔵する余裕がなかったのでないかと思われる。

(2) 枝の大きさ（材積=枝の体積）と貯蔵養分量

①新梢の正常な生育に必要な貯蔵養分量とは

次に、新梢を正常に生長させるのに、ど

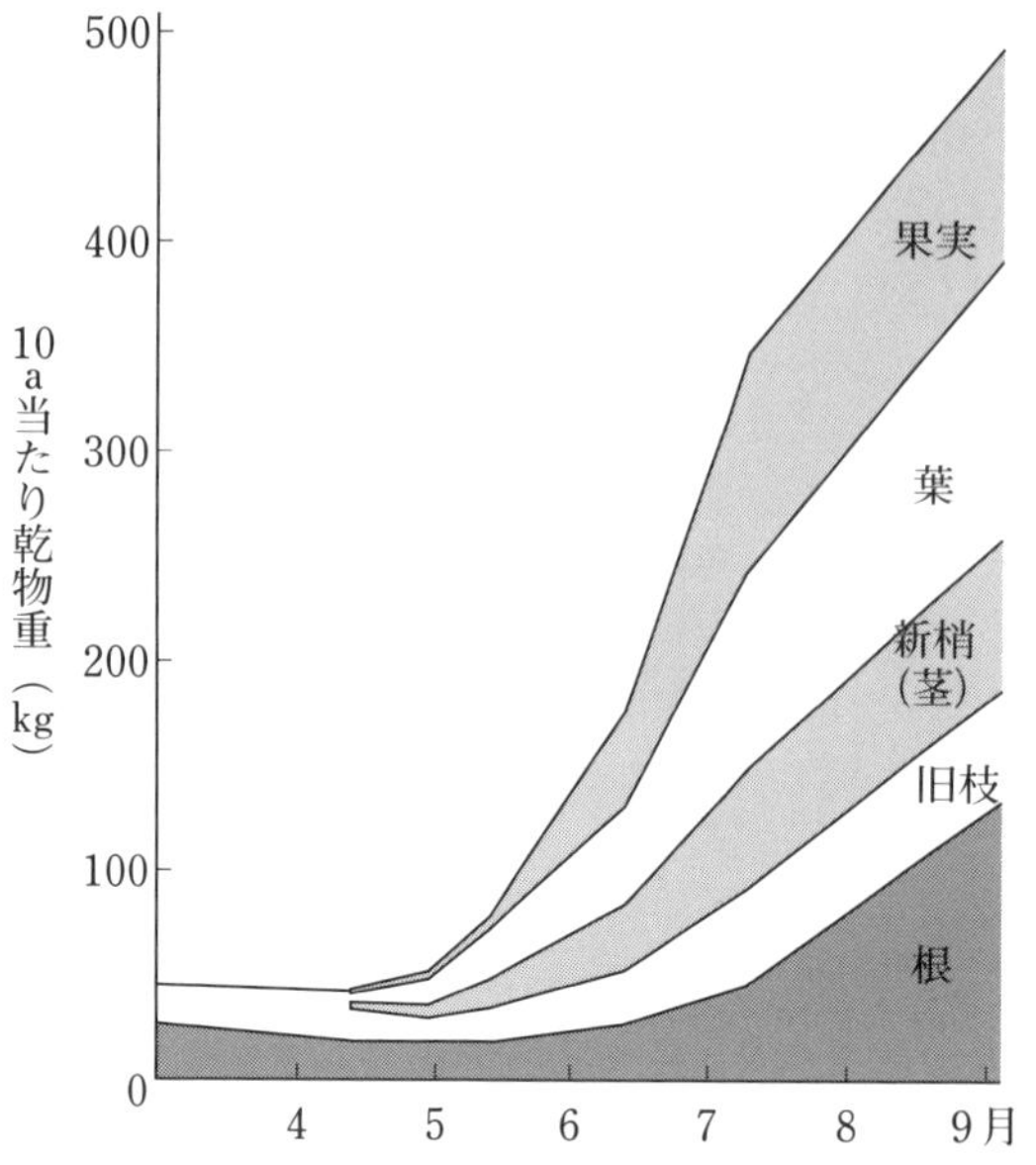

図3－14　ブドウ'デラウェア'の組織別乾物重の季節変化
（高橋、1979）

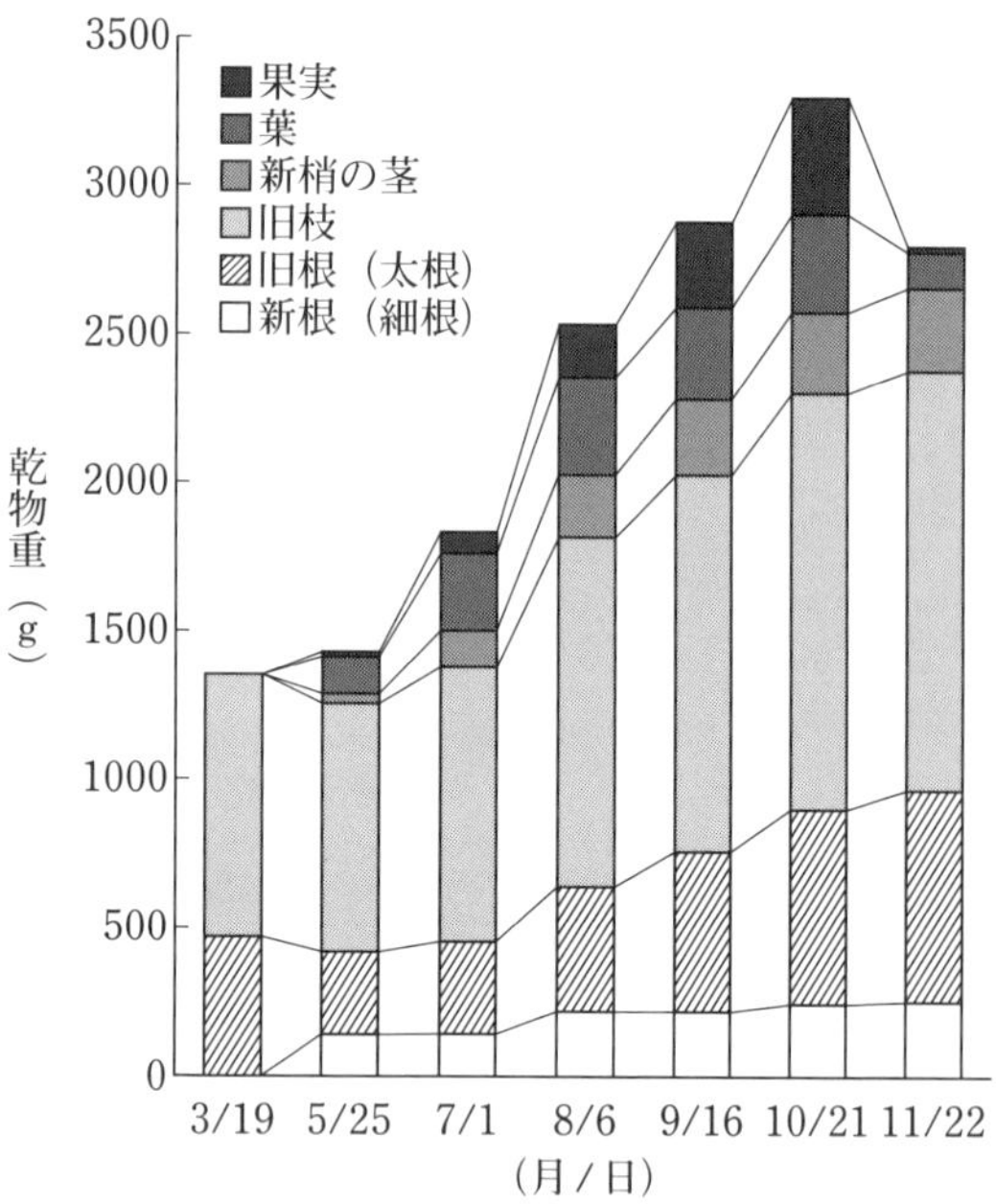

図3－15　M9中間台木リンゴ'ふじ'4年生の1樹当たり器官別乾物重の季節変化（倉橋、1993）

表3－1　M9中間台木リンゴ'ふじ'4年生の器官別乾物増加量、積算葉面積、純同化率（NAR）の季節変化
（倉橋、1993）

生育期間（月/日）	乾物増加量（g）							積算葉面積（m²）	NAR（g/m²/day）
	果実	葉	茎(新梢)	旧枝	旧根	新根	合計		
3/19～ 5/25	7.3	136.0	34.7	−34.8	−93.9	17.3	66.6	54.8	1.22
5/25～ 7/ 1	48.7	136.0	91.6	90.3	22.7	24.2	413.5	98.4	4.20
7/ 1～ 8/ 6	115.4	54.3	85.9	246.7	122.8	76.2	701.3	144.7	4.85
8/ 6～ 9/16	102.5	−3.5	39.6	100.1	106.9	4.1	349.7	160.9	2.17
9/16～10/21	117.8	15.6	9.8	142.0	117.5	20.1	422.8	130.8	3.23
10/21～11/22	—	0	13.5	7.7	51.2	11.3	83.7	82.8	1.01

注）NARは単位葉面積（この場合は1m²）当たり1日の乾物増加量

れくらいの貯蔵養分が必要だろうか。この問題も知るのがむずかしい。

そこで、短梢せん定のブドウ〝マスカット・ベリーA〟を用いて、実験してみた。この実験を思いついたのは、貯蔵養分は生きている師部と木部に貯蔵されているので、貯蔵養分の量は旧枝の体積（材積）に比例しているのではないかと考えたからである。

②太い枝ほど貯蔵養分は多い

主枝に環状剥皮の間隔を1m、50cm、10cmと長さをかえて、図3―16のように処理して栽培した。剥皮すると、剥皮間の主枝内の貯蔵養分だけで新梢（ブドウの新梢は結果枝）は生長する。主枝の体積が大きいほど（環状剥皮の間隔が長いほど）、新梢の生長は優れ、果房や果粒も重くなるはずだ。主枝以外に、側枝と結果母枝の基部も剥皮して比較してみた。なお、発芽した新梢は1本だけにした。

冬季に切り取り、旧枝の体積を測定し、新梢の生長や果実との関係をみたのが図3―17である。器官によって数値に大きな差があるため、5倍から100倍して示したものもある。

新梢長、葉数、登熟長は、旧枝の体積が大きいほど優れている。また、登熟長、房重、粒重は、体積の小さい結果母枝区が明らかに劣った。最も体積の大きい主枝の房重が劣ったのは、新梢が強勢すぎたため、花振るいがひどかったからである。

図3－16　短梢せん定の主枝を50cmで剥皮した状態

	枝周 (cm)	長さ (cm)	旧枝体積 (cm^3)	新梢長 (cm)	葉数	登熟長 (cm)	房重 (g)	粒重 (g)	糖度 (%)
結果母枝	2.65	4.4	5.6	25	12	5	142	2.39	15
側枝	6.4	16	52.2	105	23	61	355	3.81	15.7
主枝長10cm	13.0～11.2	**7.2：27.0**	227.9	301	37	70	418	4.71	19.8
主枝長50cm	12.2～11.0	**5.8：18.7**	585.5	246	35	60	373	4.25	18.2
主枝長1m	13.0～10.3	**7.1：31.0**	1204.4	389	47	83	205	3.99	18.6
対照区			－	151	26	73	395	5.29	17.8

注）**太字**は主枝から出た側枝の枝周（左）と長さ（右）を示す

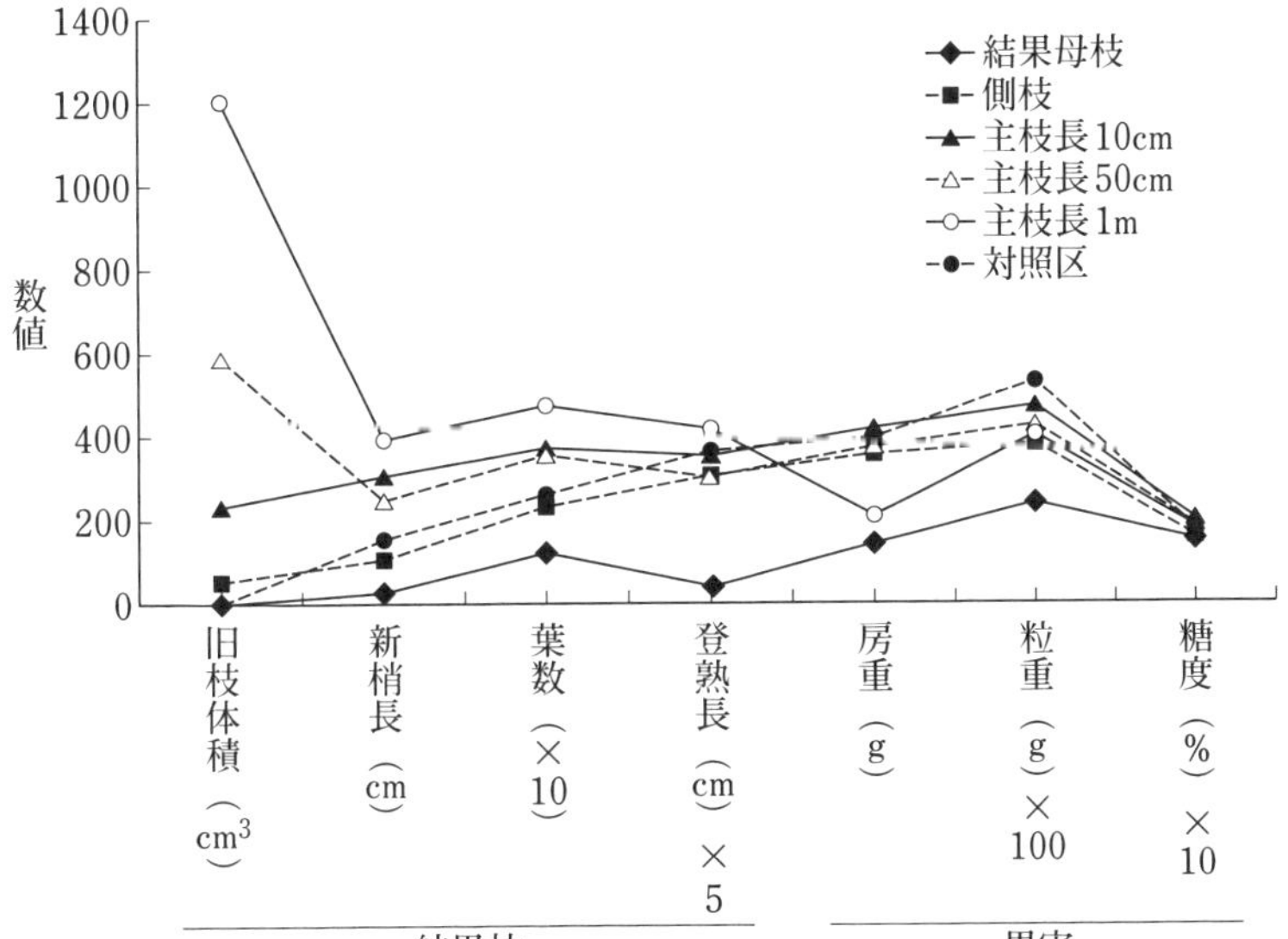

×100は元の値を100倍していることを示し、粒重239gは2.39gである。上の表を参照

図3－17　14年生‘マスカット・ベリーA’の枝の体積と新梢（結果枝）、果実の関係（高橋、1976）

以上のことから、果樹の貯蔵養分は、旧枝・旧根の体積と含有率（乾物率に近い）に比例していると考えられた。そして、生長は貯蔵養分が多いほど旺盛になる。

③冬季せん定は貯蔵養分量に見合う芽数を残す

このことは、冬季せん定にも影響する。

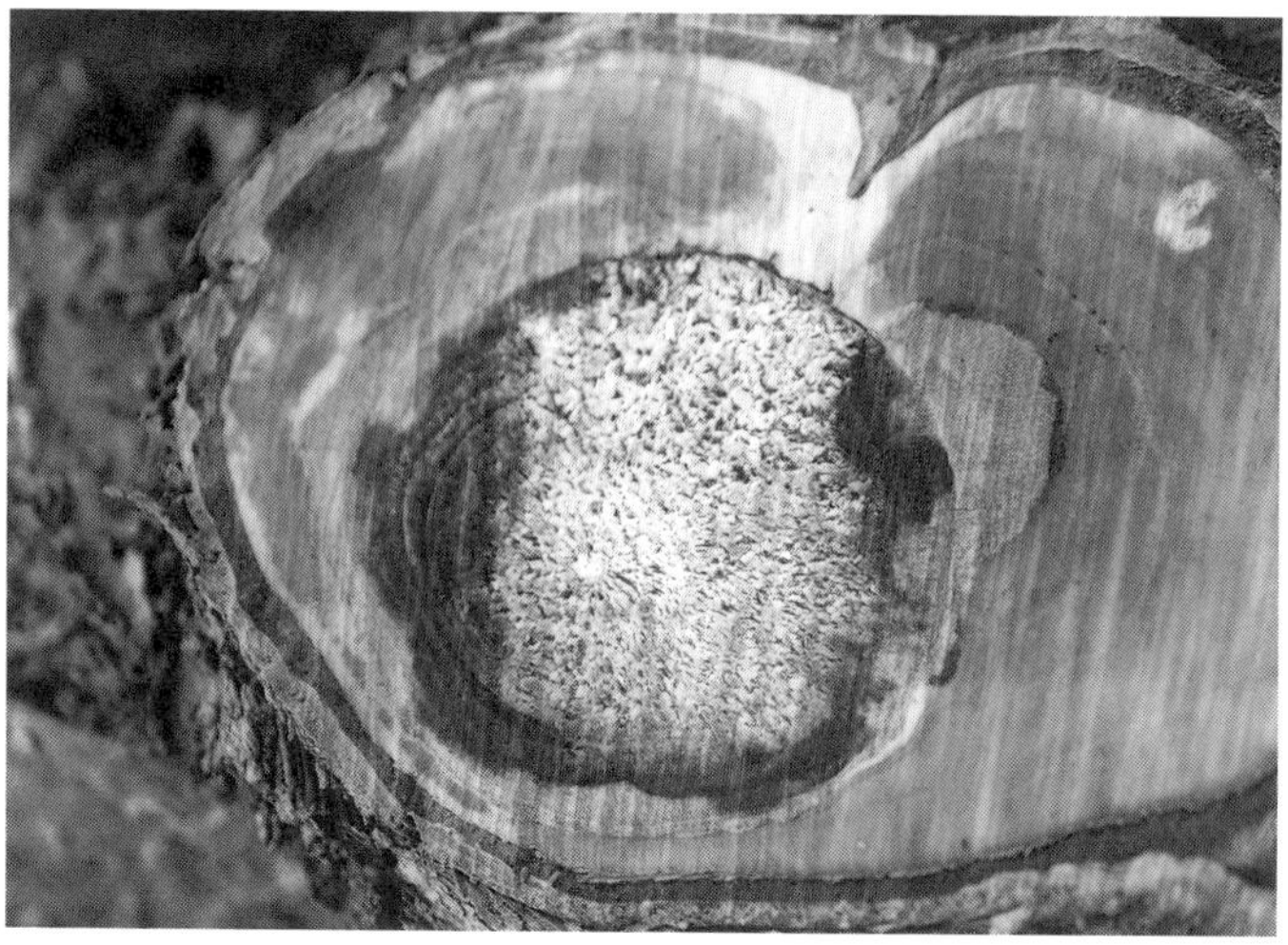
図3－18　7年生ウメの幹の枯れ込み

冬季せん定で最も重要なことは、せん定強度をどの程度にするかである。

好適樹相とは、新梢が適度な長さで自然に停止することだ。そうするためには、芽数は貯蔵養分の量に見合うように残さなければならないことになる。だが今のところ、貯蔵養分を数値で示すことができない。

今後の研究に期待することにして、貯蔵養分が旧枝・旧根の体積と関係が深いことを頭にいれながら、せん定するのがよいだろう。

④枯れたところには養分を蓄積できない

ここで注意しておきたいのは、貯蔵養分を蓄積できるのは、旧枝や旧根の生きた組織だということである。図3―18はウメの幹の横断面であるが、中心部に大きな枯れ込みがはいっている。不要になった主枝を切り落としたためにできた枯れ込みである。

枯れたところには貯蔵できないだけでなく、養水分の移動もできない。太い枝に枯れ込みがはいらないようにするのと、早期落葉させない管理が重要である。

また、材（木部）や樹皮（師部）は年を経ると枯死する。その部分は物質の輸送はもちろん貯蔵もできなくなる。このあたりも研究課題である。

(3) 肥料養分の貯蔵

落葉果樹の貯蔵養分には、当然、肥料養分も含まれていないので、無機の貯蔵養分について述べる。

①無肥料では開花2週間後に生長が止まる

貯蔵された肥料養分がいつごろまで消費されるのかを知るために、次のような実験をしてみた。60ℓの鉢に、塩酸で肥料養分を洗い流した川砂をつめた。それに、1年間育てたブドウ‘巨峰’を抜き取って、土をきれいに落として水洗いして植付けた。

そして、施肥した鉢で育てた‘巨峰’とともに、3月21日からガラス室のなかで栽培を開始した。20日後の4月10日には5～6枚展葉したが、新梢の生長や葉色などにまったく差はなかった。

しかし、開花2週間後の5月18日には、無施肥樹の生育状態は図3―19のようであった。新梢は完全に生長を停止して先端

図3－19　無肥料で鉢栽培したブドウ‘巨峰’の5月18日の状態

部は脱落した。花穂の多くは枯死して、わずかに結実がみられたにすぎない。

それに対し、施肥した‘巨峰’は、当然ながら正常に生長した。

② 幼木の貯蔵養分は養分転換期ごろになくなる

このことから、幼木のように、貯蔵器官が小さい場合は、養分転換期ごろまでしか貯蔵肥料養分がもたないことがわかった。春肥の必要性が理解できる。

落葉果樹の初期生長は、体内に貯蔵した肥料養分を消費して行なう。したがって、あとで述べるが、蓄積生産期に肥料を十分に吸収させておく必要がある。

消費再生産期は葉面積を増やすのが最も重要である。そのためには、初期生長を旺盛にする貯蔵養分が重要であることは十分に理解されただろう。

以上が貯蔵養分についての解説であるが、結論は貯蔵養分の量が多く、含有率が高いほど、発芽が早く初期生長は旺盛になり、葉面積の拡大が早期に終わるということである。これが、高品質多収の決め手の一つであることを理解しておきたい。

(4) 高品質多収の決め手は葉面積の早期拡大

① 短い新梢ほど物質生産体制を早く確立できる

消費再生産期は、貯めておいた資金を投資して新しい会社をつくるのに似ている。新会社が発展するには、できるだけ早く生産し収入をあげなければならない。

果樹の収入は、光合成で生産された物質である。したがって、物質生産の主体である葉をできるだけ早く、多くつくることが大切である。

図3－20は、ナシ‘二十世紀’の葉面積拡大パターンを新梢長別に示している。葉面積拡大の早さをわかりやすくするため、到達する葉面積が同じになるよう、新梢の本数を加減したものである。

最も早いのは短果枝の「短果枝葉」（第2章1－(4)項の注記参照）で、5月の中旬には展葉を終えている。養分転換期ごろには全てが成葉になり、生産された物質を全て他の器官へ送っているわけだ。

発芽期は同じだが、短い新梢ほど展葉が早く終わるので、物質生産体制を早く確立することができる。

② 短果枝葉を思いきって多くするせん定が大切

図3－21は、慣行区と物質生産理論を適用してせん定した改良区の、葉面積指数の増加曲線である。曲線と横軸とで囲まれた

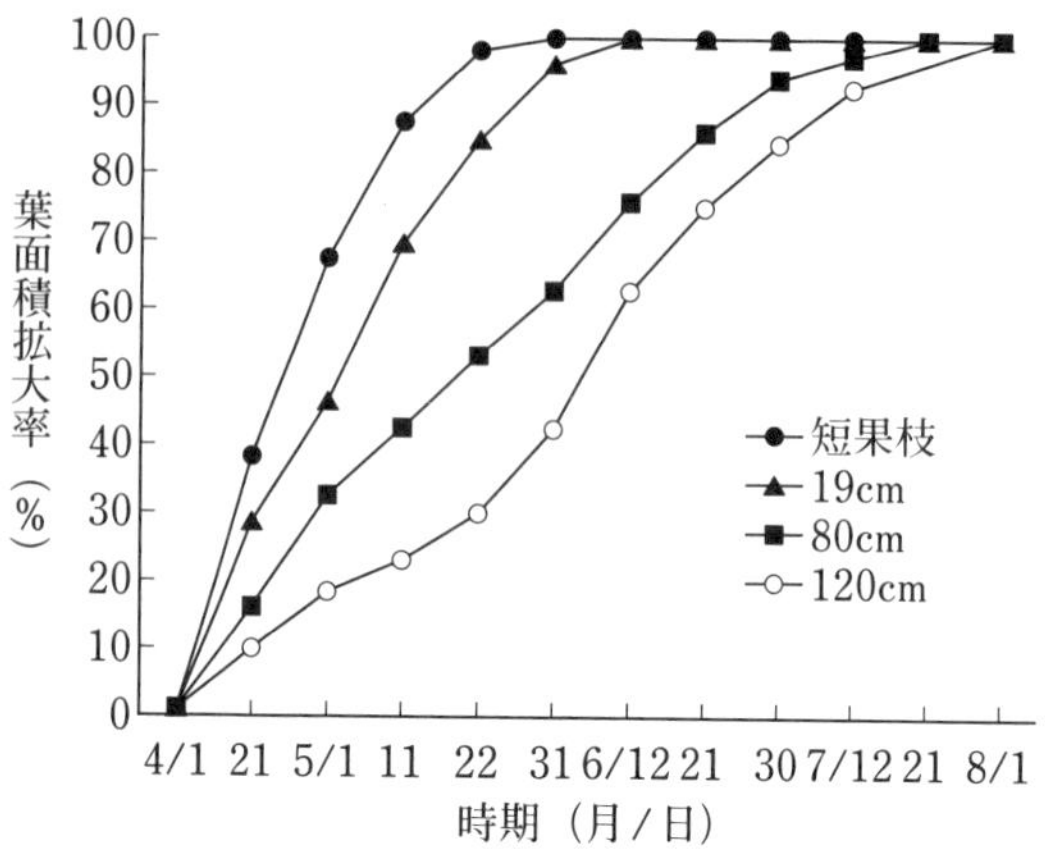

図3−20　ナシ‘二十世紀’の長さのちがう新梢の葉面積拡大パターン　（高橋ら、1989）

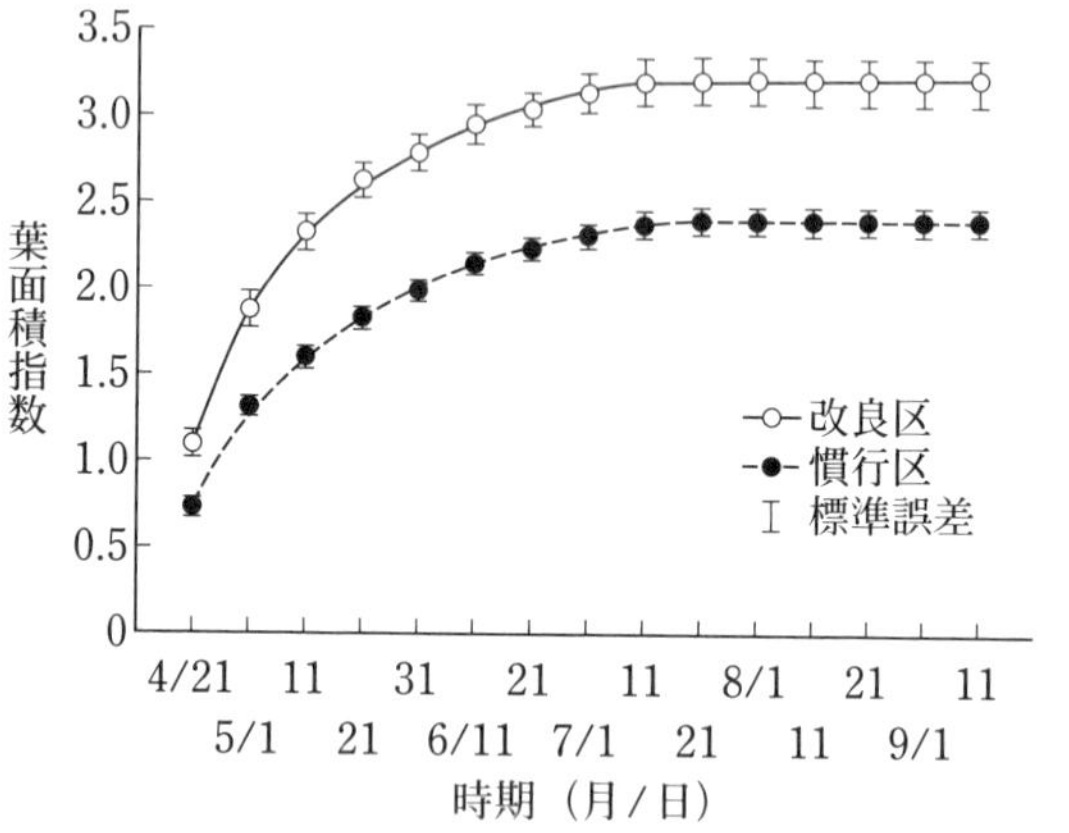

図3−21　せん定法のちがいとナシ‘二十世紀’の葉面積指数の季節変化　（高橋ら、1989〜1995）

面積（葉積）は物資生産量と考えてよいので、面積が大きい改良区の生産力が高いことがわかる。

改良区は、短果枝や発育枝を多く残し、短果枝葉を思いきって多くするようにせん定しており、その結果が早期の葉面積拡大につながっている。

消費再生産期の栽培管理は、貯蔵養分の量に見合った芽数を残すようなせん定をすることである。そして、短くて早期に生長を停止するような新梢はそのまま残すことだ。

徒長枝になるような上芽などはせん定時にそぎ落とすか、発芽後できるだけ早く芽かきで取り去ることが大事である。

とくに、短い新梢を芽かきで除く習慣のあるブドウでは、それを改め花穂だけ除去して新梢は残すようにすることが大切である。

(5) 摘蕾・摘花と芽かきは必ず行なう

①花は必要な果実の数百倍もつく

消費再生産期には、新梢の生長と同時に花芽も生長し、開花や受精が行なわれる。

花の数は残すべき果実の数百倍もついているのが普通である。それは、果実のなかの種を子孫として残すためであるが、それ自身貯蔵養分を大量に消費する。

果樹にとっては必要であっても、果実生産をめざすわれわれにとっては浪費である。したがって、残すべき果実数を考慮しながら、必要以上の花は早期に除去するのがよい。

摘蕾・摘花の重要性については、第2章3項で述べたので、芽かきについてのみ述べてみたい。

②弱い枝の芽かきは行なわないが原則

芽かきはブドウでは、きわめて重要な管理とされているが、ほかの果樹ではあまり聞かない。その理由ははっきりしないが、私は、わが国の生食用ブドウの品種が〝甲州〟であったからではないかと考えている。

〝甲州〟は直光着色品種で、果粒に光が直接当たらないと着色しないので、平棚栽培では、果粒に光が十分に当たるような空きがなければならなかった。また、当時の着果管理では、短い結果枝は大きな房を成熟させることができないと考えられていた。そのため、短い新梢は棚面を暗くするだけだからと、芽かき技術ができたのではないだろうか。

短い新梢こそ葉面積当たりの物質生産量は多く、果実分配率が高いので、むしろ残すべき枝である。私の提唱しているブドウ栽培技術では、弱い枝の芽かきは行なわず、カラ枝（稼ぎ枝）は積極的に残すのが当然になっている。

③芽かきはこんな場合にする

それでは、どんなときに芽かきが必要だろうか。第一に、明らかに徒長枝になると思われる芽や枝である。とくに、主枝や亜主枝のような太い枝の上面から出る芽は、徒長枝になりやすい。そのような芽は、できるだけ早く除去すべきである。

それでは、短い枝はかき取ってはいけないかといえば、樹勢が著しく弱った場合には、かくべきである。樹勢を回復するには、せん定を強くするのが最も効果が高い。

芽数が少ないほど、残った1芽当たりに分配される貯蔵養分が多くなるので、弱い芽はかき取るほうが樹勢の回復が早いのである。もちろん、窒素肥料も必要である。

(6) 防風も確実に行ないたい——大きいこの時期の風害

イネ科作物は体がしなやかで、強風による障害を受けにくい。風は地面に近づくほど弱まるので、背の低い野菜も風害にあいにくい。

しかし、果樹は背が高いので、風で落果しやすく、新梢が折れ、葉が破れるなどの物理的な害を受けやすい。それだけではなく、第1章4—(3)項で述べたように、物理的な害がなくても光合成が阻害される。

とくにこの時期は、新梢の茎や葉は柔らかく、風害を受けやすい。ハウス栽培がなかった時代には、日本海側の果樹産地はごく一部にかぎられていた。

ハウス栽培が可能になってから島根県、鳥取県、石川県などで砂丘地ブドウが大幅に増えたが、その最も大きな原因は防風効果だった。ブドウ園を寒冷沙で被覆すると、ハウス栽培とほぼ同じように反収が高まり生産は安定する。

風害はことのほか大きいので、とくにこの時期には意識して防がなければならない。

(7) 養分転換期の判断の方法

発芽後しばらくは、前年に蓄えた貯蔵養分を消費して生長するが、新しい葉で生産する物質が多くなれば、貯蔵養分を使う必要がなくなる。その時期を養分転換期ということにしたが、それはいつなのだろうか。それを知るにはどうすればよいのだろうか。

①樹全体の乾物重が最低になる時期——掘り上げて調査

最もたしかな方法は、できるだけ多くの樹を一定間隔で掘り上げて乾燥し、その重さが最低になる時期をみつけることだろう。しかし、それには多大な労働力がかかる。

そこで、30㎝の素焼き鉢で1年間育てた

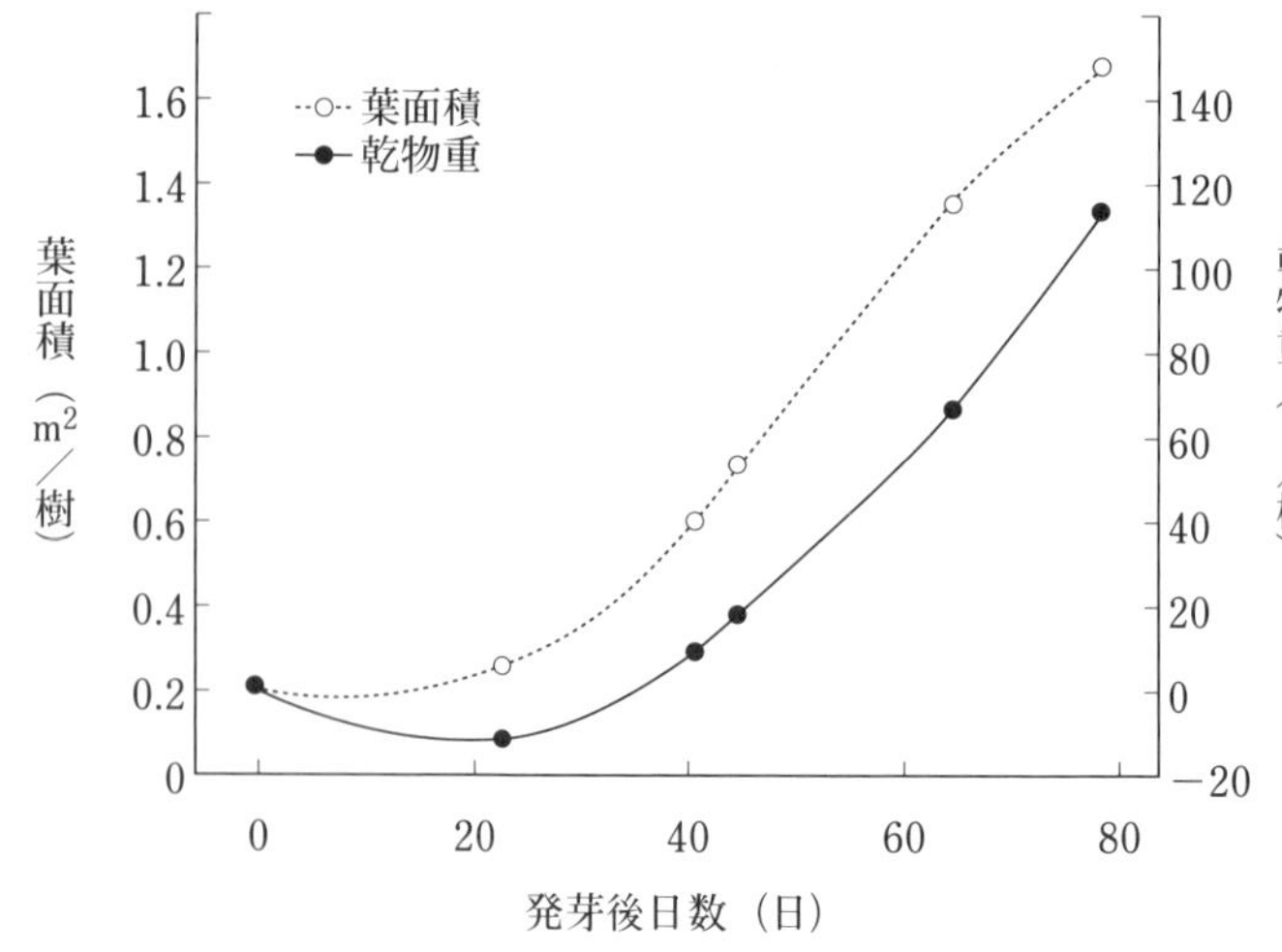

図3－22　無加温鉢栽培2年生ブドウ‘巨峰’の1樹当たり葉面積と乾物重の季節変化　（高橋、1980）

ブドウ‘巨峰’を、5鉢ずつ掘り上げて全乾物重を測り、グラフにしたのが図3―22である。掘り上げる間隔が長いので精密さはやや劣るが、乾物重が最低になったのは展葉6枚ごろで発芽20日後だった。

また、図3―14の実験では、展葉8枚期から開花期のあいだに最低になった。4月下旬から5月上旬にあたる。

9年生ナシ‘二十世紀’の同じような調査でも、4月下旬ごろの乾物重が最低だった。

さらに第2章5項で示したように、ナシの主枝や亜主枝が一番細くなるときが4月20日ごろだった。

②器官内のデンプンの消長で判断

もう一つの方法は、旧器官（旧枝・旧根）内のデンプンの消長を調べる方法である。その方法によって林真二氏（１９６０）はナシ‘二十世紀’の養分転換期は、貯蔵養分の多い樹で開花後20日から25日ごろ、少ない樹では5月上旬と結論づけている。

これらの結果から、山陰地方の平野部における、落葉果樹の養分転換期は4月下旬から5月上旬あたりと推定される。

③目で判断する目安

目で判断する目安として、数種類の果樹の写真を図3―23に載せたので参考にされたい。ブドウは雨よけ栽培で２０１５年4月26日に、その他は露地栽培で5月3日に島根県安来市の園で撮影したものである。

モモ型・リンゴ型果樹は結実がほぼ決ったころ、ブドウ型は蕾《つぼみ》の状態で、展葉10枚前後のころである。

4　拡大生産期の生長と栽培のポイント

(1) この時期の生長の特徴

①物質生産が最も盛んな時期

拡大生産期は、養分転換期から成熟期までをいい、発芽から養分転換期までを人間が生まれてから成人になって就職するまでとすれば、拡大生産期は就職してから定年になるまでにあたるといってよい。農業を継いでから隠居するまでともいえよう。

就職して自分で生活ができるようになると、生涯の伴侶をみつけ家を建て、子供を育てるなど、人生で最も活力あるときをすごす。果樹も新梢を伸ばし、増やした葉で物質を生産し、受精した果実で種子を育て成熟期をむかえる。

ナシ‘二十世紀’

モモ‘白鳳’

リンゴ‘ふじ’

スモモ‘ソルダム’

カキ‘富有’

ブドウ‘島根スイート’
（雨よけ栽培、2015/4/26撮影）

図3－23　養分転換期ごろの新梢と果実（ブドウ以外は露地栽培、2015/5/3撮影）

この時期は物質生産が最も盛んである。それは、物質生産を行なう葉が増えることと、全ての器官の生長が旺盛なため、そこへ多くの物質が分配されるからである。

前半は葉面積の拡大が先行するが、とちゅうから物質の多くが果実に分配されるようになり、栽培者にとってはきわめて重要な時期にあたる。

②拡大生産期の期間は晩生ほど長い

消費再生産期の長さは、貯蔵養分やせん定強度などによってちがうが、終わりの養分転換期の変動幅は、せいぜい1週間か10日程度でしかない。

ところが、拡大生産期は、ウメやオウトウを除外しても、最も早いモモなら成熟期の6月下旬までだ。それに対し、リンゴの'ふじ'やナシの'晩三吉'などは11月に成熟する。

その差は5カ月にもなる。拡大生産期の長さは成熟期によって決まり、早生ほど短く晩生ほど長いのである。

果樹の1年で最も活動的なこの時期は、物質生産体制をつくりあげて、生長しつづけながら果実への分配を高め、高品質・多収を実現することが目標になる。

本章では、おもに新梢の生長による物質生産体制の確立と、物質の果実への分配について述べてみたい。

(2) まず葉を増やし物質生産体制を確立する

①初期は葉面積の拡大が優先

落葉果樹は消費再生産期に葉面積の拡大を先行させるが、まだ十分な葉面積を確保することはできない。したがって、拡大生産期の初期には、引き続き葉面積拡大が優先される。

それは、物質生産がおもに葉で行なわれるからであるが、ここでは、物質生産理論によって、拡大生産期をどのように考え、管理すべきかなどについて述べたい。

新梢の長さと葉面積は比例することについては、何度も言及してきた。ということは、1本の新梢についていえば、葉面積は新梢が生長するにつれて増える。そこで、新梢の生長について少し検討してみたい。

②停止時期で新梢をタイプに分ける

新梢といっても、短いものから長いもの、あるいは副梢が出るものなどいろいろある。また、一度生長を停止してから伸び出す2次伸長枝もある。さらには、ガラス室の'マスカット・オブ・アレキサンドリア'では、副梢の摘心が10回行なわれている園があった。

このような現実を直視しすぎると、迷ってしまうので、理解しやすいように新梢の生長をモデル化してみた。それは、図3―24のとおりである。

生長停止期を基準に、タイプ分けしてみた。短果枝になるような短い新梢(A)は発芽後1カ月、25㎝の新梢(B)は1カ月半、50㎝(C)で2カ月、1m(D)で3カ月、1・5m(E)は4カ月で生長を停止する。

実際は、果樹の種類や樹勢などによってずいぶんちがい、ブドウやキウイは2mくらいの新梢はめずらしくなく、徒長枝とはいわないで、有用な結果枝として役立てる。しかし、モモやリンゴでは50㎝を超えると、徒長枝になるものが多い。また、ブドウでは自然型整枝の新梢は早く生長を停止し短いものが多いが、短梢型整枝では長く伸ばすことが前提になっている。だが、考え方は同じで、利用する新梢の範囲内では、早く生長を停止するほうがよいのである。

③葉数の早期確保には短い新梢を多く残す

最適葉面積指数4にするための新梢の密度（本数）については、第1章5―(5)項で述べたのでくり返さないが、新梢管理上重要だと考えられることについて述べる。

●短果枝が多いほど葉数は早く確保できる

新梢長と葉面積との関係は、種類や品種でちがう。同じ品種でも、樹勢や気温の日較差などでちがうようだが、種類や品種のちがいにくらべれば小さいようである。

図3―21のナシ〝二十世紀〟の例をもう一度みていただきたい。改良せん定区は7月上旬には最適葉面積指数に近い3に到達しているが、慣行区は2・5以下で最後まで到達できなかった。このときの総新梢長(伸びた新梢の合計の長さ）はかわらなかったが、新梢の数は改良区が2倍以上多かった。

改良区の葉面積指数が高くなったのは、新梢の密度が高いことと、短果枝の割合が5割以上と高かったからである。短果枝の花芽からは短果枝葉が出るので、それだけ早く葉数が確保できたのである。そのため、改良区の10aの平均収量は6000kgを超え、慣行区より2000kgも多かった。

●モモ型、リンゴ型では短果枝＋発育枝を残す

モモ型、リンゴ型果樹は短果枝になる新梢が多い。短果枝が多いと「短果枝葉」(第2章1―(4)項の注記参照）が多くつくので、早期展葉・早期停止型になる。しかし、葉芽から伸びる新梢も、短いものは短果枝葉をつけて秋には短果枝になる。したがって、短果枝葉を多くつけるには、短果枝を残すことが大切だが、葉芽の多い長果枝や発育枝を上手に残すことも大切である。

リンゴ型果樹の短果枝には花芽がついているので、多く残すと摘果に苦労する。しかし、発育枝には花芽がないので摘果の必要はないし、適度な強さなら短果枝葉しかつかない。ただし、モモ型果樹の長果枝には花芽もつくので、新梢の基部にも結実する。

●ブドウでは発芽後3カ月、1m以下で停止が目標

ブドウ型果樹のごく短い新梢は、モモ型やリンゴ型果樹の短果枝とはちがい、果実をつけないものがある。果実がついても、短いと不要な枝としてかき取られることが多い。しかし、これらの短い新梢は短果枝葉のように早期展葉・早期停止型で、物質生産効率は高い。

物質生産を高めるには、できるだけ早く最適葉面積指数にしたい。その時期は、これまでの実験や栽培実践から、6月中旬ごろと推察される。これは、発芽後3カ月である。図3―24からすれば、1m以下の新梢で確保することになり、自然型整枝なら比較的容易にできる。

短梢型整枝では、1mの新梢では樹冠がうまらないが、前述したように、主枝間隔を狭くすれば1・5m平均くらいなら樹冠をうめることができるように思う。ぜひ挑戦してほしい。

(3) 果実の大きさと乾物重の増え方

果実は、養分転換期をすぎてから本格的

に生長を開始する。果実が必要とする物質のほとんどはこの拡大生産期に分配される。次は、そのことについてみていきたい。

①果径は最も簡単に知ることができる情報

まず、果実にかんするいろいろな情報を例にあげてみたい。図3―25はナシ'幸水'の果径、1果重、1果乾物重、果実乾物率について示してある。

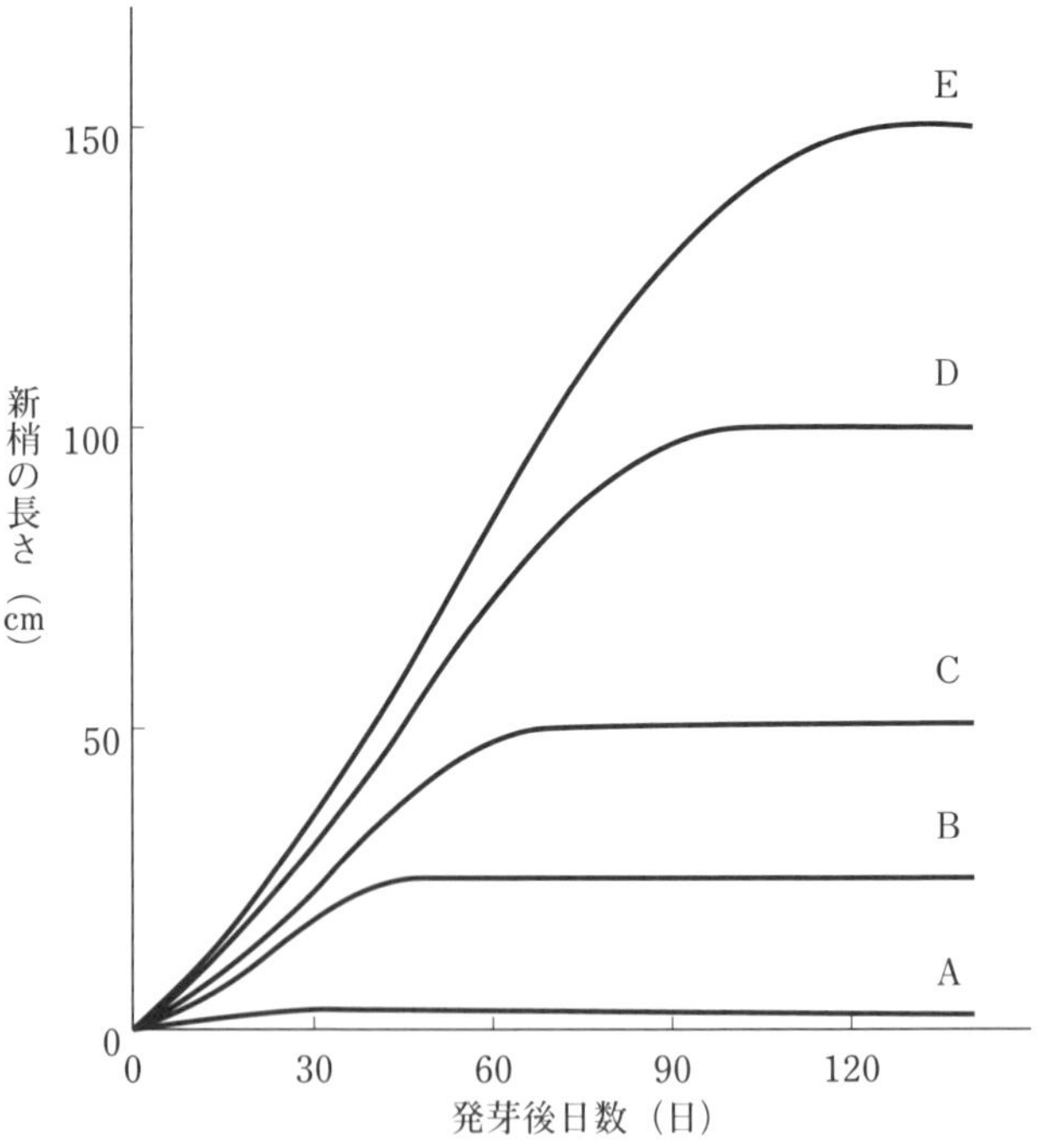

図3－24　新梢の生長パターンのモデル（A ～ Eタイプ）

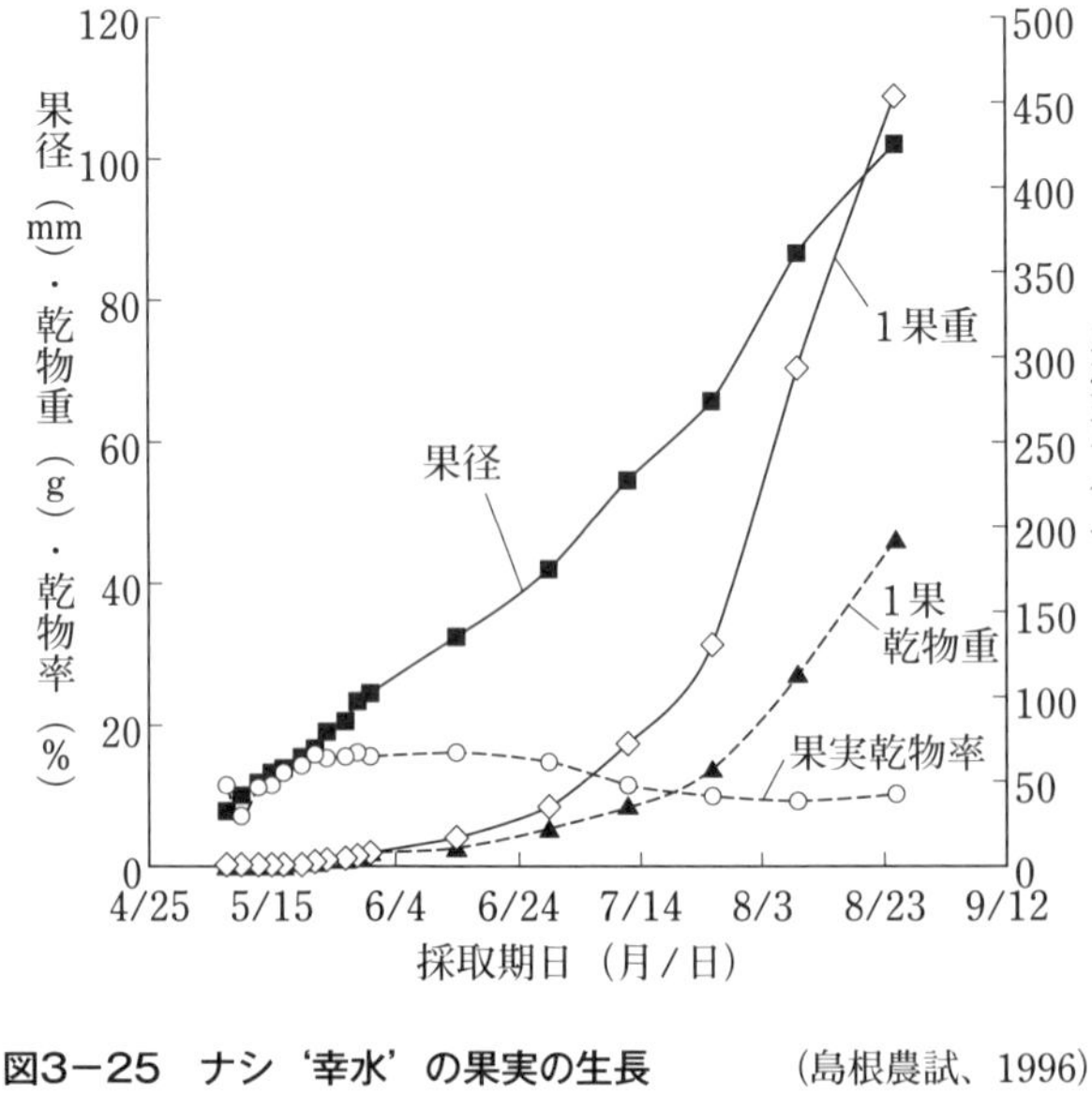

図3－25　ナシ'幸水'の果実の生長　（島根農試、1996）

果径は果実の横幅のことで、目でみえる大きさそのものと考えればよい。これは、生長する果実を視覚でとらえられる最も普通の情報である。

これに対して、1果重は果実の重さだから貴重な情報だが、手にとるか天秤にかければ重さはわかるが、樹からとらなければならないからめんどうである。また、果実の乾物重や乾物率は、あらかじめ生の果実の重さを測ったのち乾燥機で水がなくなるまで乾燥し、重さを測ることによってはじめて知ることができる。

ということで、われわれが知りたい果実の情報のなかでは、果径は最も容易に知ることができる。

②果実重と乾物重は並行して増える――しかし収穫しないと測定できない

ここで、果実重と乾物重の関係についてみておきたい。図3―26はモモ'あかつき'の1果重とその乾物重をみたものである。重さは10倍近くちがうものの、生長する過程は非常によく似ている。この傾向は、ほかの品種でもプルーンでも同じである。

図3―27は、リンゴ型果樹であるナシ'ゴールド二十世紀'の1果重とその乾物重である。この場合も、モモと同様に1果重と乾物重の増加曲線は平行に近く、同じような速度で増えている。

図3―28は、ブドウ'巨峰'の1粒重とその乾物重である。無加温栽培で開花期は露地より約1カ月早い。1粒重と乾物重の増加曲線のあいだが少し離れている。すなわち、生果の重さの増加に乾燥した重さが追いつかない状態なのだ。

ブドウは、果粒肥大第1期に果粒乾物率が極端に低下するという性質をもっている。果粒は水をいれて順調に大きくなっているのに、その水に溶けている砂糖（物質）が少ないので、乾燥した重さがほかの果樹にくらべ低くなるのである。

同じブドウ型果樹でも、カキはモモ型やリンゴ型と同じように、1果重とその乾物重はほとんど重なり合うように増える。

このように、ブドウを除くと1果重はその乾物重と平行して増えるので、重さがわかれば物質の量である乾物重も予想できるが、1果重と乾物重は収穫して天秤や乾燥機を使わないと測定できない。

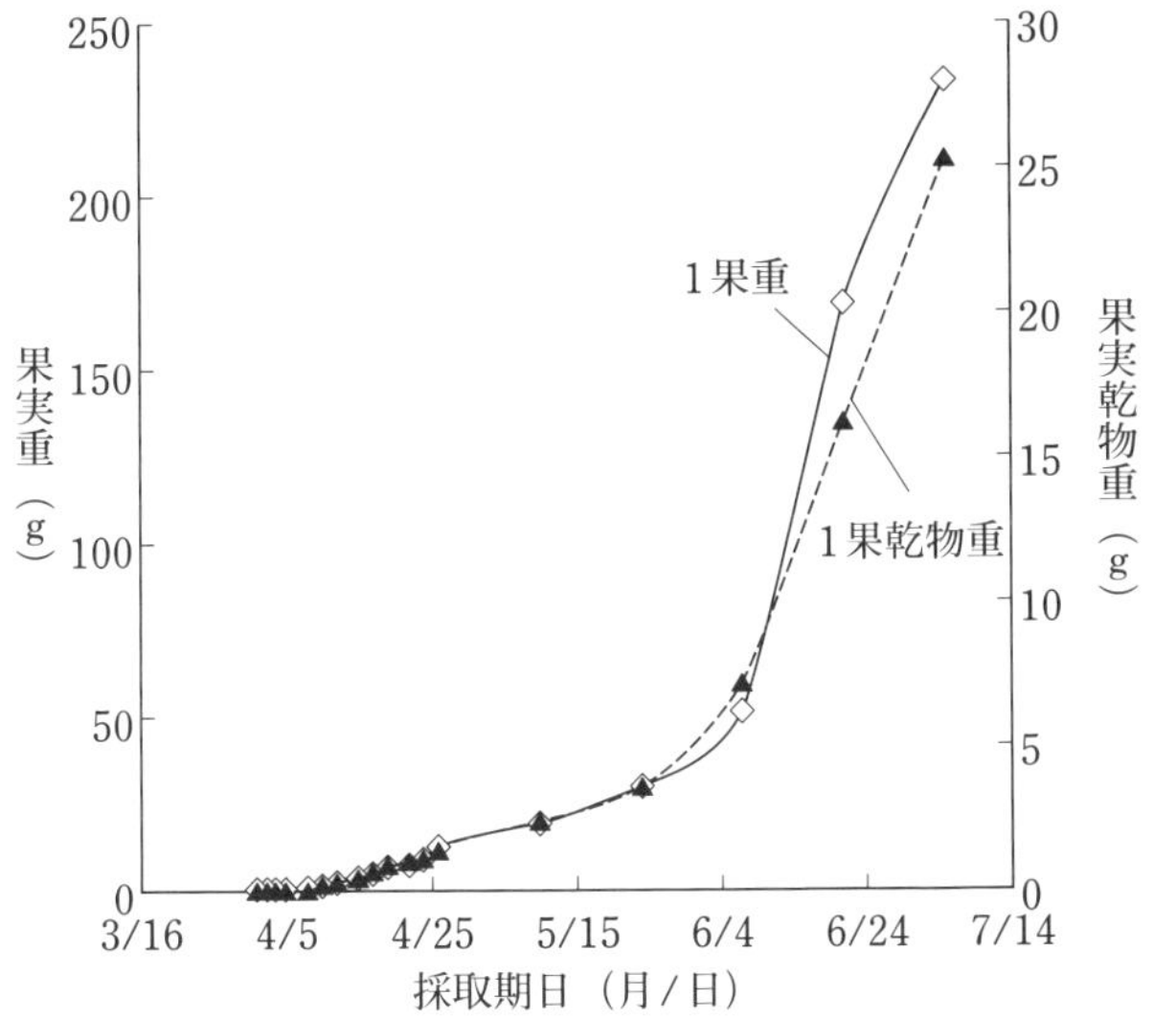

図3−26　モモ'あかつき'の1果重と1果乾物重の季節変化
（島根農試、1996）

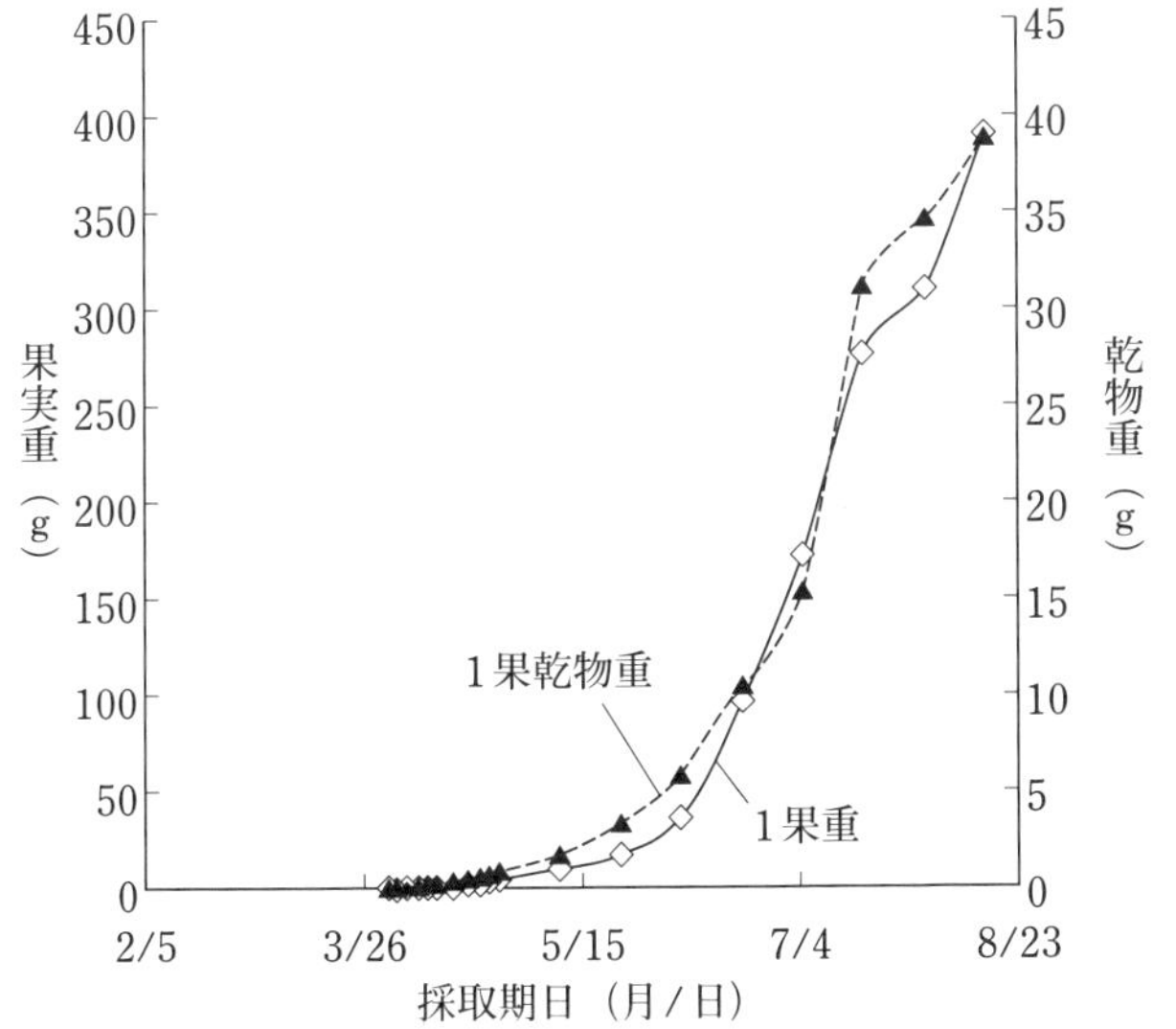

図3−27　ナシ'ゴールド二十世紀'の1果重と1果乾物重の季節変化
（島根農試、1996）

③果径と乾物重の増え方は同じではない

物質生産理論からいえば、果実の乾物重が知りたい。重さそのものはわからなくても、その傾向を知ることができれば、果実への物質分配のようすは推定できる。果径と乾物重（物質量）の増加が同じ速度であれば、果径の観察から果実乾物重を推定できる。

しかし、果実の大きさと乾物重は必ずしも比例しないのである。

図3―25をみると、果径すなわち果実の大きさはゆるやかなS字カーブを描いて増えるが、乾物率は上がったり下がったりで、一定していないだけでなく変化の幅も大きい。

果実の乾物重は生体重に乾物率をかけた値だか

ら、果径と乾物重の増え方は平行にならないのである。

④果実乾物率の季節変化

もう少しくわしく数種類の果実乾物率の季節変化についてみたのが図3―29である。

モモ'白桃'は、はじめはすごく高いがすぐに低下し、その後徐々に高まり、やや下がって成熟する。

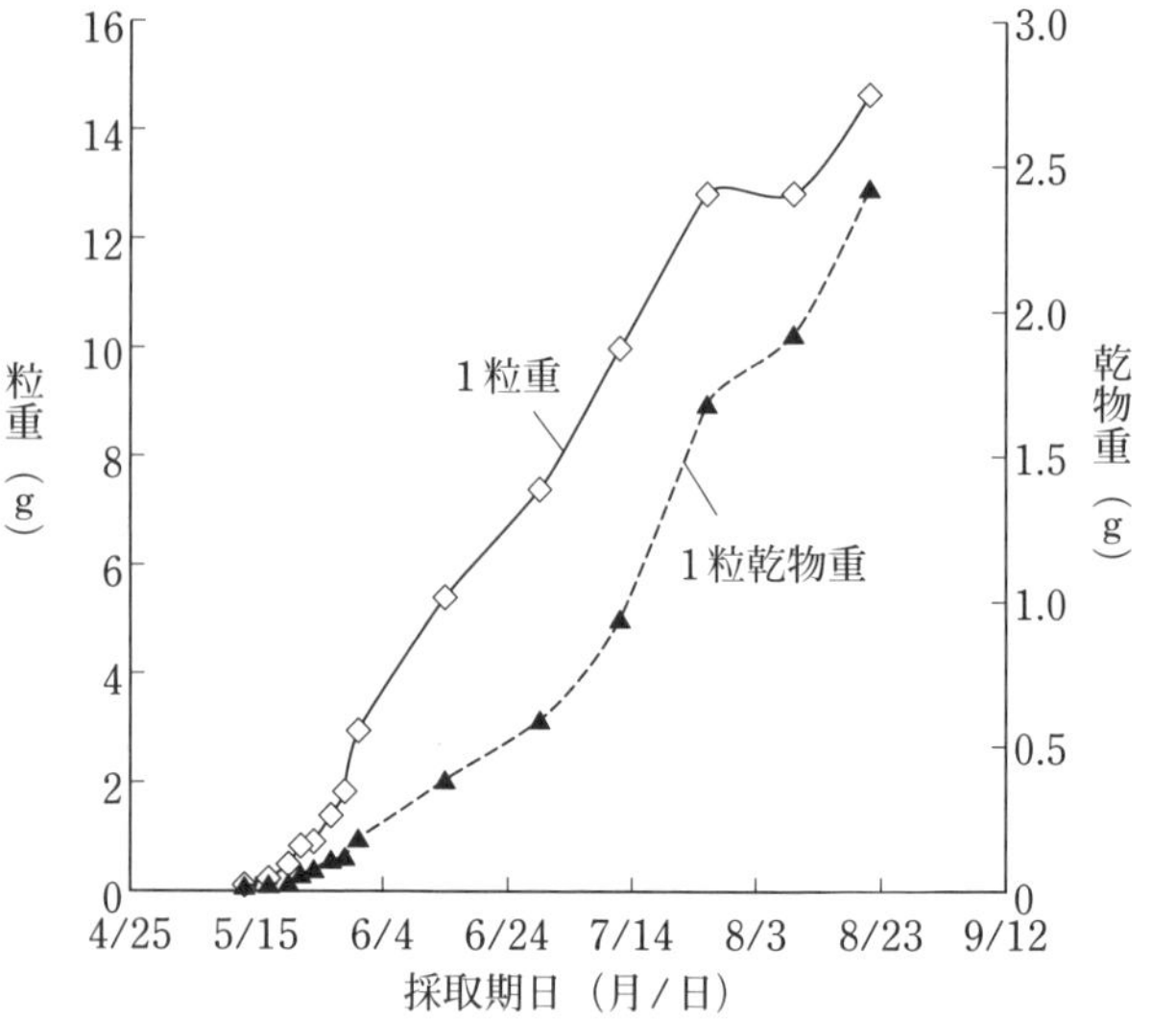

図3－28　ブドウ'巨峰'の1粒重と1粒乾物重の季節変化
（島根農試、1996）

カキ'西条'は、7月初旬ごろ最高になった後ほぼ横ばいで推移する。ナシ'晩三吉'は、夏に向けて高まり、6月下旬に最高値になり、徐々に低下して成熟する。ブドウ'巨峰'は、開花期から急激に低下し、ベレゾーン前を底辺にして増え、成熟期に最高となる。

とはいえ、'巨峰'の最低値と'白桃'の最高値の幅は、20%のなかにおさまっている。

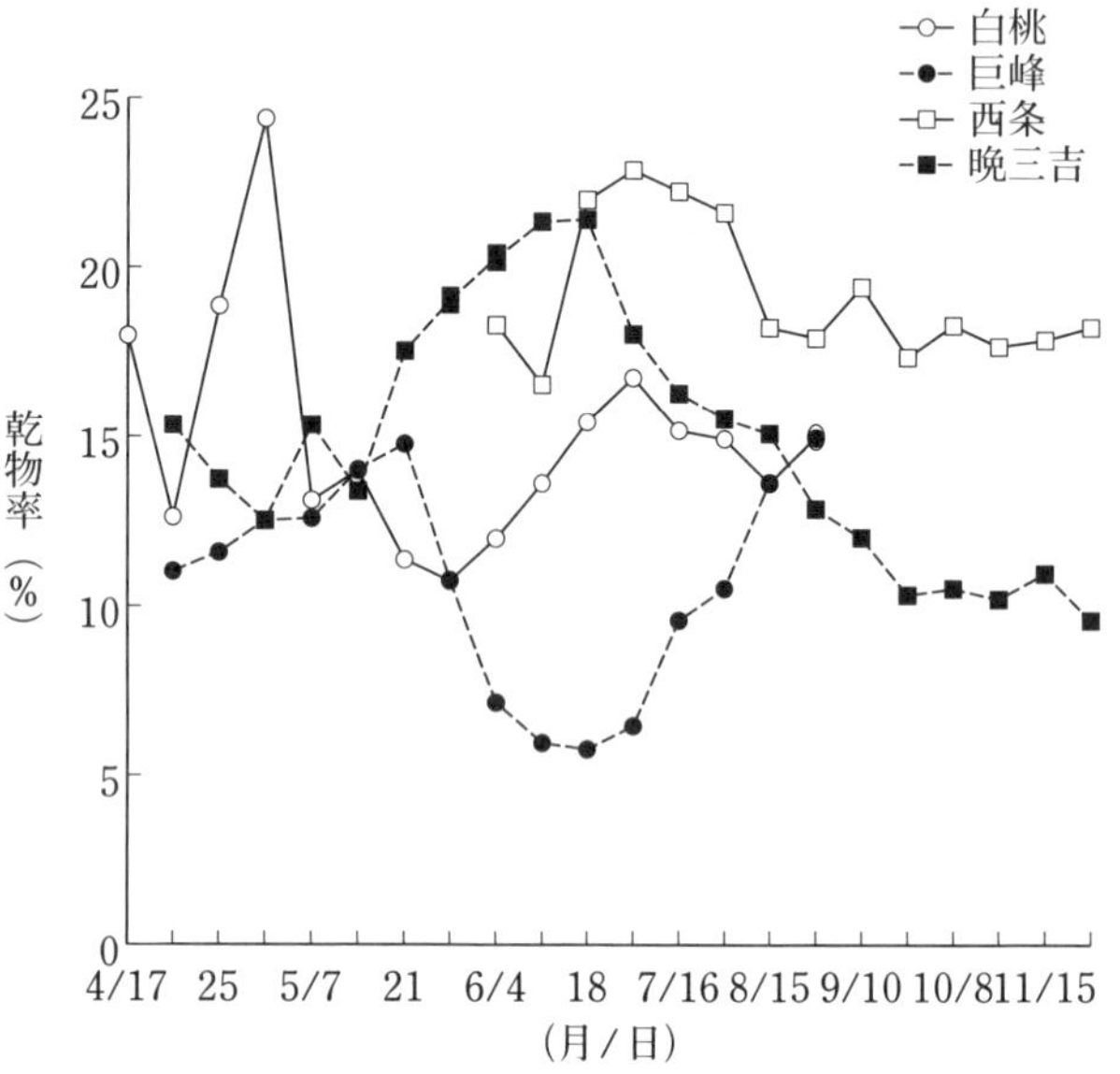

図3－29　モモ'白桃'、ブドウ'巨峰'、カキ'西条'、ナシ'晩三吉'の果実乾物率の季節変化
（島根農試、1984）

(4) 果径と1果乾物重の季節変化〈1〉
―モモ型果樹

次に、果径と1果乾物重についてだけみていきたい。モモ型、リンゴ型、ブドウ型の順でみていくが、開花期を基準にその後の日数と生長について示してある。このほうが、果実の生長を理解しやすいと考えたからである。

①モモ型果樹の特徴

まず、モモ型果樹から始めよう。モモ型果樹はモモ、スモモ、プルーン、アンズ、オウトウなどである。

特徴は、開花期が3月下旬から4月上旬で早いこと、前年の枝には葉芽と花芽がついているが、花芽には花しかはいっていないので果実のみがつき、葉芽は伸びて新梢になる。すなわち、花と葉の芽は別々である。リンゴ型やブドウ型との決定的なちがいはここにある。

②物質分配は第Ⅰ期に少なく第Ⅲ期に多い

図3—30の、モモ‘あかつき’をみよう。果径の増加は開花後20日ごろから著しくなるが、開花後40日前ごろから停滞する。そして、70日ごろからより急激になり、110日ごろに成熟している。

果実乾物重は、果径より10日ほど遅く、開花後30日ごろから徐々に重くなり、ゆるやかに増えていく。そして、40日ごろから停滞しはじめ、その後70日ごろから急激に重くなる。

モモは、果実肥大第Ⅰ期では、大きさにくらべ物質の分配はきわめて少ない。果実の生長が早くから始まるので、貯蔵養分を節約しているようにみえる。しかし、第Ⅲ期は果実肥大より果実乾物重の増加がはるかに大きい。

③第Ⅰ期に少ないのは果実数が多いため——早期摘果が重要

ただし、ここで、忘れてならないことは、このグラフは1個の果実についてのものだということである。果実肥大第Ⅰ期の初期は果実数が多いので、1個の果実への物質分配量は少ないが、果実全体を合わせると必ずしも少ないとはいえない。だから、早期摘果が重要なのである。

図3—31は‘サンプルーン’について示した。‘サンプルーン’は、‘あかつき’などより成熟期が遅く140日くらいである。そのためだと思われるが、果実肥大第Ⅱ期の停滞期にはいるのがやや遅くなっている。しかし、果径と果実乾

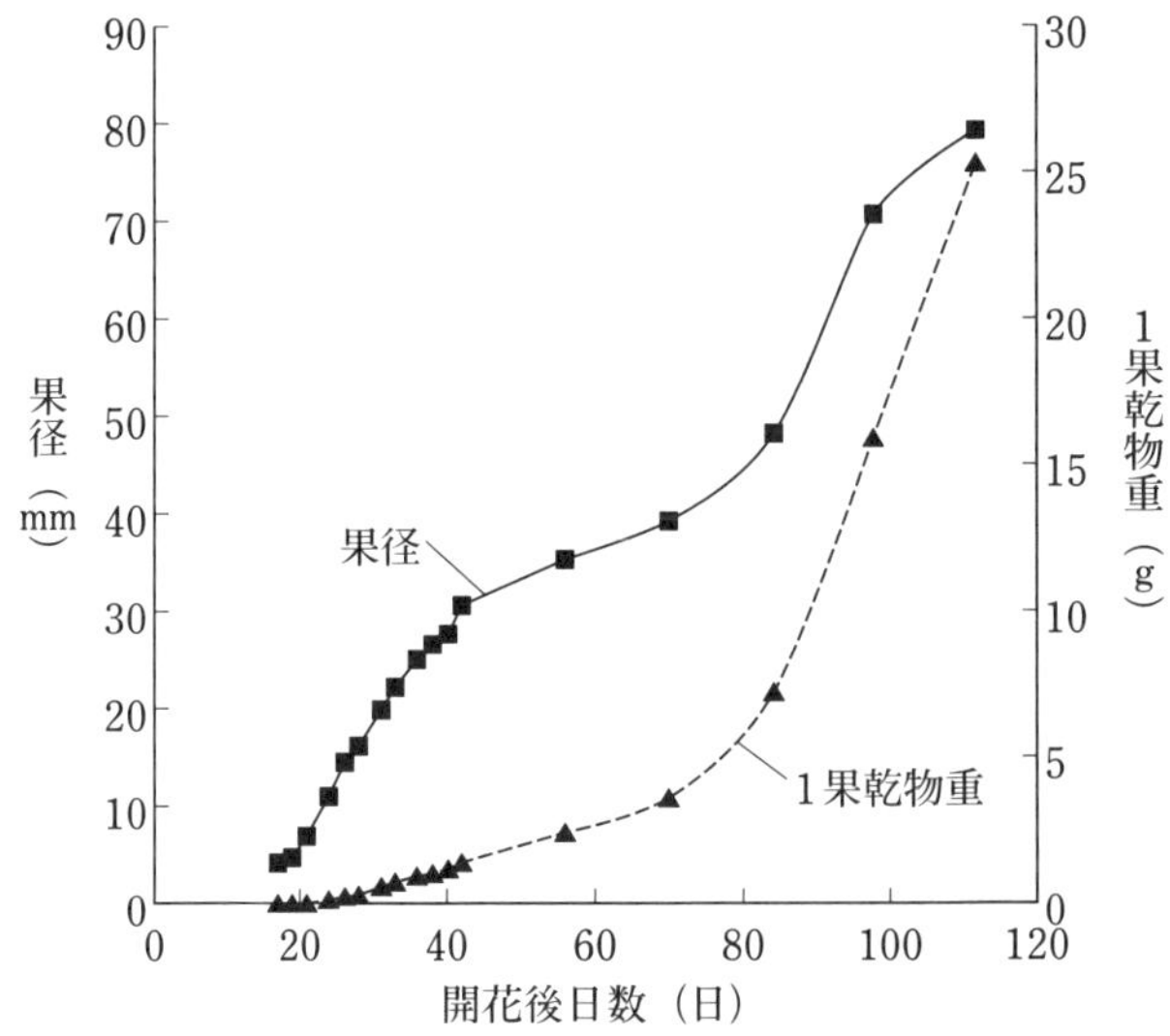

図3−30　加温栽培モモ‘あかつき’の果径と1果乾物重
（島根農試、1996）

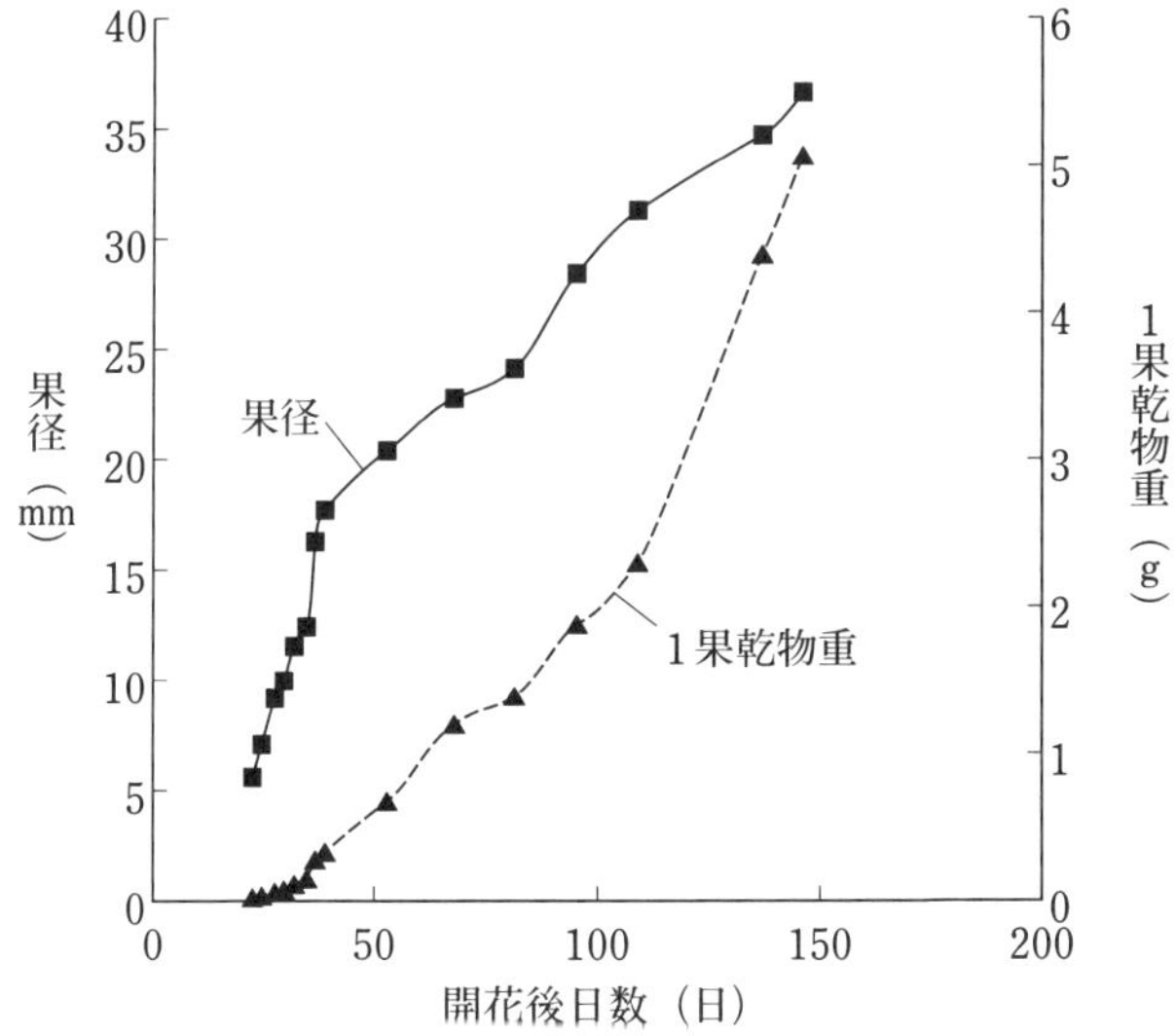

図3−31　‘サンプルーン’の果径と1果乾物重
（島根農試、1996）

物重との傾向はモモとよく似ている。

この二つの図からは、モモ型果樹は果実肥大にくらべて初期の1果乾物重の増加はきわめて少ないと考えてよさそうである。

ただし、果実肥大第Ⅲ期の乾物重の増加はきわめて急で、‘あかつき’で開花後80日、‘サンプルーン’で100日ごろから成熟期にかけての増加は著しい。

④早い摘蕾・摘花（果）の効果はほかの果樹より大きい

付け加えたいのは、モモ型果樹は開花が最も早いということである。芽が出ると同時に花も咲く。花の数もずいぶん多い。

したがって、果実生長初期は、果実と新梢との物質分配の競合は強いので、早期摘蕾・摘果の効果はほかの果樹より大きいと考えられる。

(5) 果径と1果乾物重の季節変化〈2〉——リンゴ型果樹

①リンゴ型果樹の特徴

次は、リンゴ型果樹についてみていきたい。

リンゴ型果樹は、新梢の先端が花芽（頂花芽）になる特徴をもっている。最も短い枝は短果枝とよばれ、ごく短い枝に頂花芽がついており、リンゴ型果樹の果実生産を担う重要な枝である。また、1ｍにも伸びるような発育枝でも先端に花芽をつける。

花芽はモモのような単独の芽ではなく、花芽と葉芽を含んでおり混合花芽とよばれる。開花はモモ型果樹より半月ほど遅い。

長く生長する新梢は葉芽主体の発育枝になり、翌年に花芽をつける。しかし、弱い新梢は葉芽になるべき芽が花芽になることがある。これらの花芽は腋花芽とよばれ、頂花芽と同じ混合花芽である。

ナシでは‘幸水’のように腋花芽がつきやすい品種があり、新梢が長果枝になることが多い。しかし、‘二十世紀’は腋花芽がつきにくく、新梢は発育枝になりやすいが、棚に水平近く誘引すると葉芽は翌年短果枝になる。

②リンゴの果径と1果乾物重の季節変化

●乾物分配量は初期に少なく後期に多い
——モモ型果樹と共通

それではリンゴ果実の横径と1果乾物重についてみていきたい。

図3—32はリンゴ‘ふじ’の季節変化である。果径は、開花後20日ごろから成熟期間近までほぼ直線的に大きくなっている。

しかし、1果乾物重は開花後1カ月ごろから徐々に増え、しだいに急になり、開花後70日ごろから成熟期まで、130日から150日ごろの停滞期を除き、きわめて急速に増えている。

したがって、生長初期は目でみている果実の大きさほど果実乾物重は増えず、モモ型と同じように差は大きい。しかし後半70日以後になると、ほぼ平行して増え、目で感じるように乾物重も増えているのである。

また、150日をすぎたころからの増え方は前半よりはるかに大きい。

●しかし肥大第Ⅱ期が明瞭ではない

ただし、モモ型にくらべると果実肥大第Ⅱ期の停滞が明瞭でない。これは、モモ型果樹は核果類ともいわれ種子が大きく、果実肥大第Ⅱ期は種子を充実させるのに物質が多く分配されるためではないかと考えられる。それに対して、リンゴの種子数は多いものの大きさははるかに小さい。

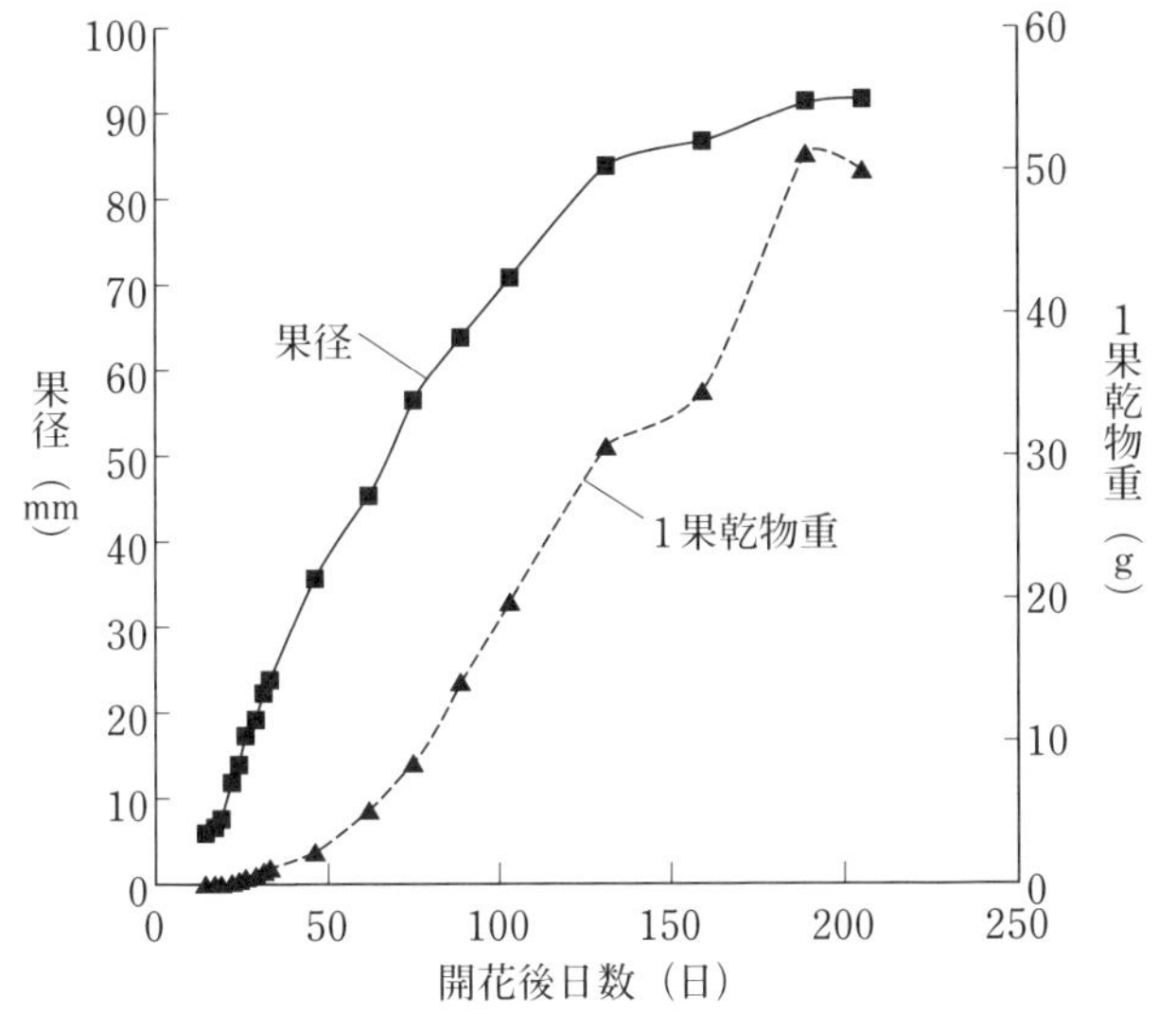

図3−32　リンゴ'ふじ'の果径と1果乾物重　（島根農試、1996）

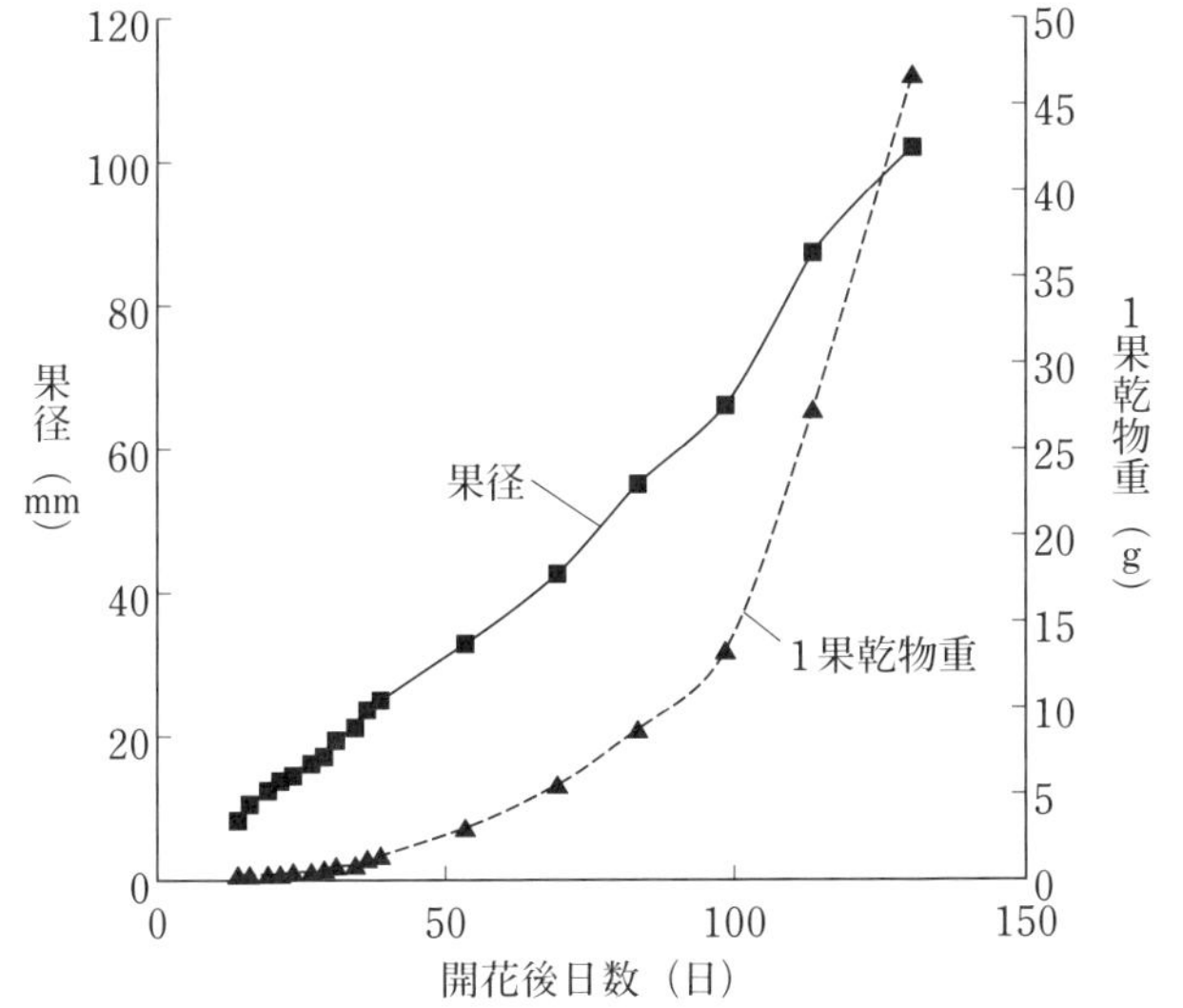

図3−33　ナシ'幸水'の果径と1果乾物重　（島根農試、1996）

③ナシの季節変化もリンゴと同じ

ナシの'幸水'について図3―33をみると、果径はほぼ直線的に増えているのに対し、1果乾物重は初期の増加はきわめて少なく、開花後40日ごろから徐々に増え、90日以後はきわめて急速に増えている。

リンゴ'ふじ'と同様、幼果時代は外観の大きさほどは、物質を取り入れていないが、70日以後はものすごいスピードで取り込んでいる。

同じナシの'晩三吉'は、図3―34のとおりで、'幸水'と同じように果径は開花直後から成熟期までほぼ直線的に増えている。それに対して、1果乾物重の増え方は、開花後1カ月ごろから増えはじめて、開花後80日以後は果径とほぼ並行している。成熟期が遅いためか、リンゴ'ふじ'とよく似た動きをしている。

(6) 果径と1果乾物重の季節変化〈3〉――ブドウ型果樹

①ブドウ型果樹の特徴

ブドウ型果樹はブドウ、カキ、キウイ、イチジクなどをいい、新梢に果実がつく。新梢が結果枝なのである。新梢は、冬季せん定のときの枝(その年に伸びた新梢の茎)から伸びるが、結果枝を含んでいる枝という意味で、その枝を結果母枝とよぶ。

三つに分類した果樹の型では、開花が最も遅く5月下旬から6月上旬ごろである。モモ型より2カ月、リンゴ型より1カ月以上遅い。したがって、成熟期が同じでも開花期から成熟期までの期間は短い。

②ブドウとカキの季節変化――モモ型果樹にやや似ている

図3―35でブドウ'巨峰'についてみていきたい。

果実の大きさである粒径の増加が先行し、物質量である1粒乾物重は初期にゆっくりと、そして成熟期が近づくと急激に増えるところは、他の果樹と似ている。少し細かくみると、硬核期による停滞がやや明瞭で、モモ型果樹にやや似た動きがうかがえる。

カキ‘富有’についてみると（図3―36）、傾向がブドウに似ている。果実肥大第Ⅰ期は、大きさに対して乾物重は重くない。しかし、果実肥大第Ⅱ期をすぎて、第Ⅲ期にはいると、果実肥大の増加より乾物重の増加は、はるかに急激である。

以上が、拡大生産期の果実の大きさである果径と1果乾物重の変化である。

まとめると、モモ型果樹は開花期が3月下旬から4月上旬と早く、熟期は最も早いオウトウは5月下旬、モモも早いものは6月下旬である。これら早熟の種類や品種は、物質生産体制をつくりあげたころに成熟期をむかえる。遅いものには、プルーンの‘プレジデント’のように9月に熟すものもあるが比較的少ない。

リンゴ型の開花はモモ型より半月ほど遅い4月中下旬で、熟期は早いものでは8月中旬、遅いものは11月下旬になる。物質生産体制をつくりあげてから成熟期までの期間が長く、糖度もあまり高くないので、収量の多い種類や品種が多い。

ブドウ型果樹の開花期は、モモ型より2カ月近く遅れ、5月下旬から6月上旬である。しかし、果実はその年に生長する新梢になるので、物質生産体制をつくりながら生長することになる。開花期が遅いわりに熟期は早く、‘デラウェア’は8月中旬には熟し、しかも糖度が高いため収量の低いものが多い。

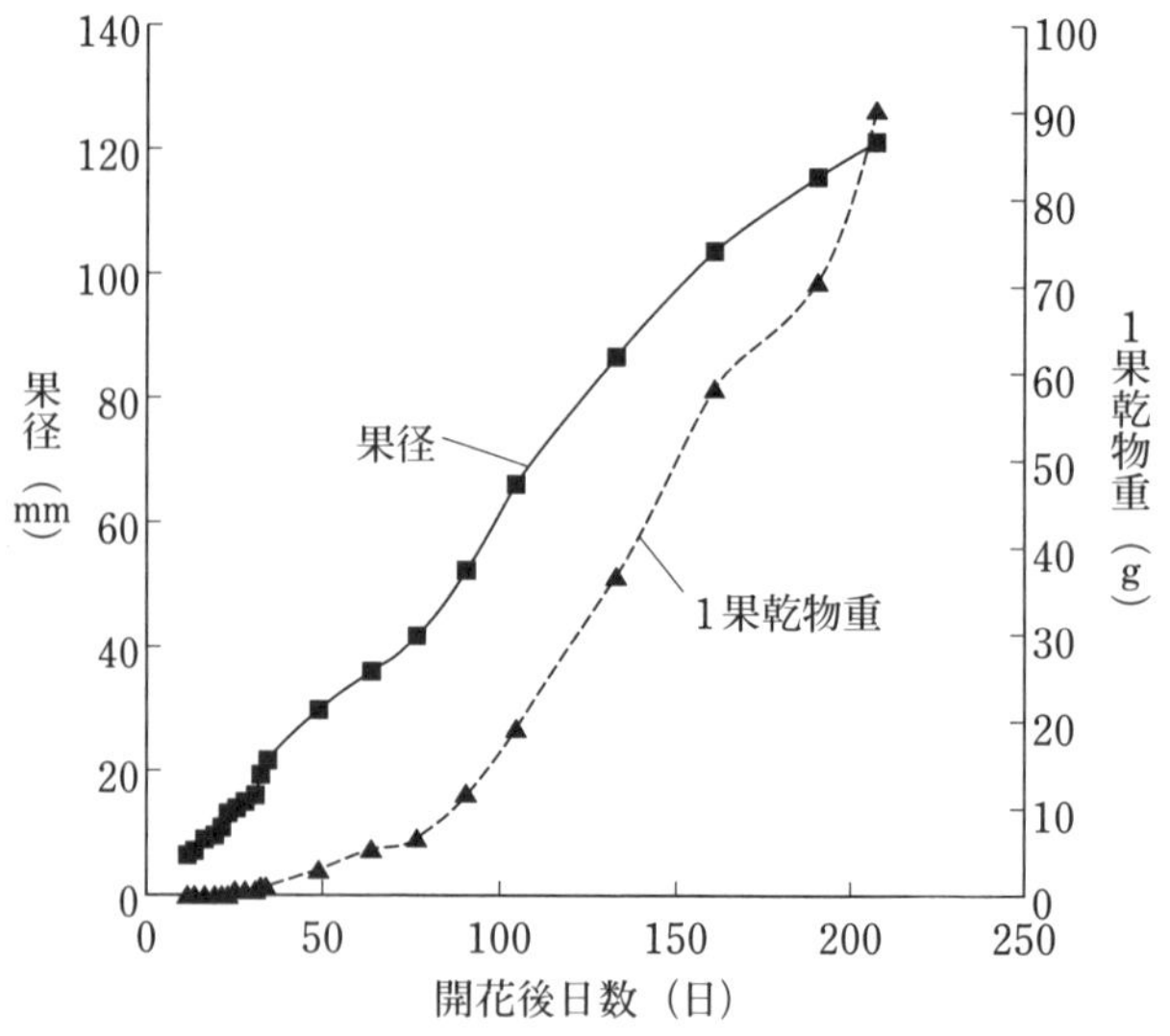

図3−34　ナシ‘晩三吉’の横径と1果乾物重（島根農試、1996）

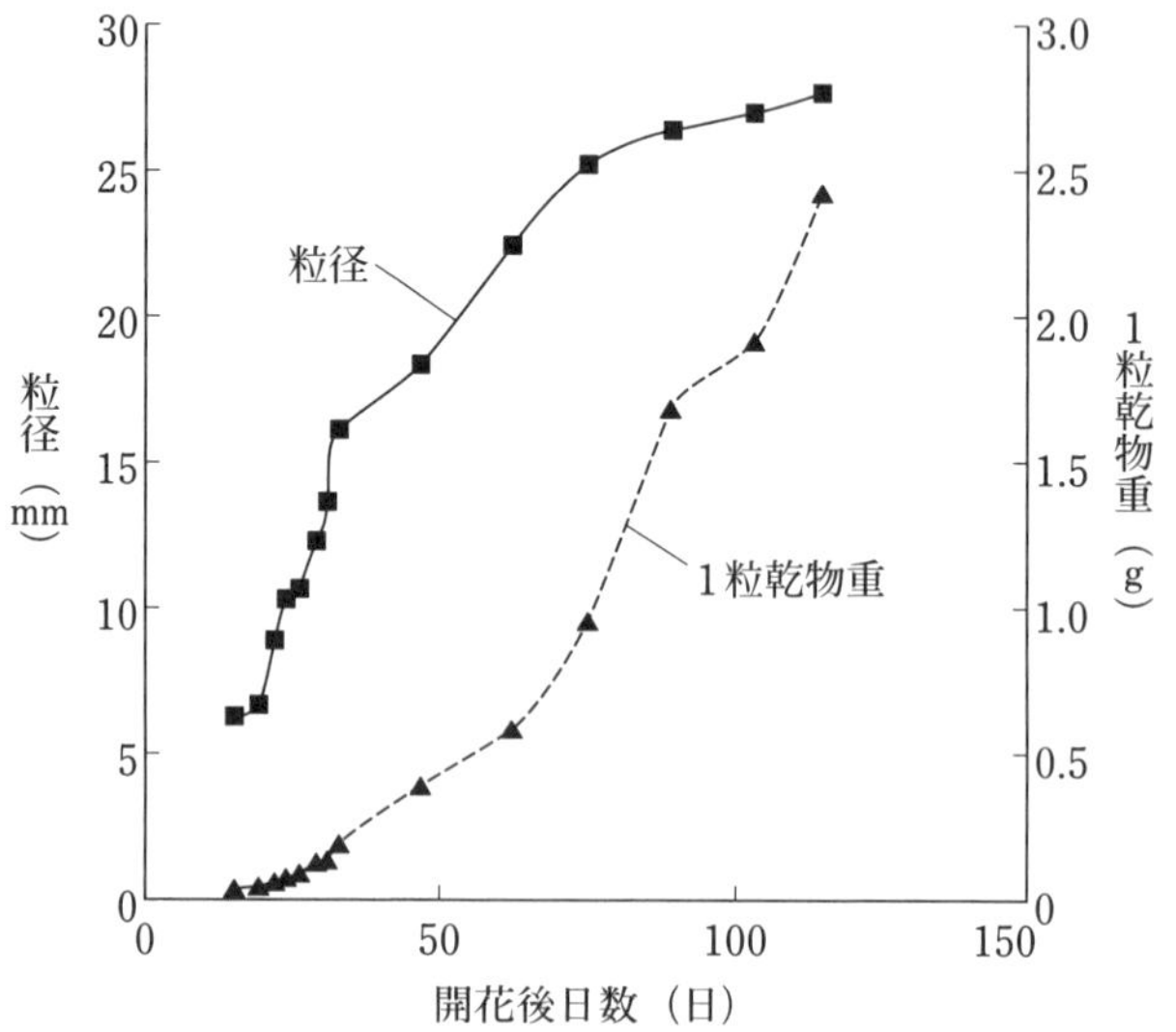

図3−35　無加温ブドウ‘巨峰’の粒径と1粒乾物重
（島根農試、1996）

(7) 着果調節の大きな意義

①1個当たりは少なくても全体では大きな物質量に

養分転換期ごろの果実は、モモ型やリンゴ型果樹では結実直後であり、ブドウ型はまだ蕾である。したがって、この時期の果実や蕾に分配される物質量は少ない。しかし、それは1個の蕾や果実についていえることで、全体の数はものすごく多い。

それは、果樹にとって果実は子孫である種子を確実にするため、受精しにくい自然条件を前提に、残すべき果実の何百何千倍の花をつけるからである。

その全てが結実するなら、1花(果)当たりの物質量はわずかでも、その総量は大きなものになる。だから、カキやミカンなどの隔年結果がおこるわけである。

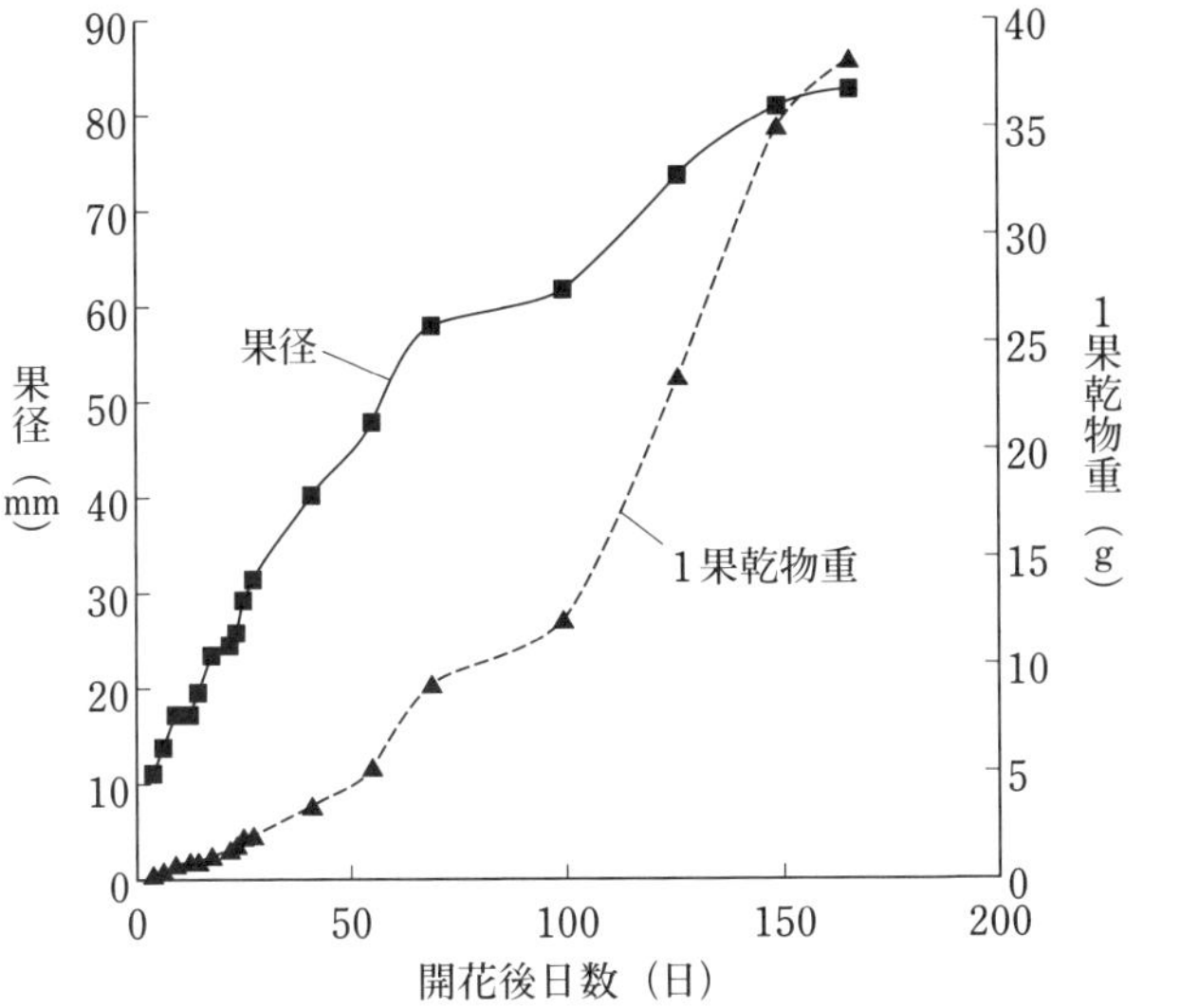

図3－36　カキ‘富有’の果径と1果乾物重　(島根農試、1996)

②できるだけ早い摘蕾・摘花(果)がポイント

したがって、残すべき果実数が確保できるのであれば、できるだけ早く摘蕾・摘花(果)を行なうべきである。とくに果実肥大第I期には大きな威力を発揮するので、この点をよく考えて作業を急ぎたい。

この時期の果実と最も競合するのは新梢であるが、新梢は葉面積確保のために減らすわけにはいかない。したがって、不必要な果実を減らす以外に、残った果実への分配を増やす方法はないのである。

(8) 旧枝・旧根と新根の生長と収量の関係

①新根と旧枝・旧根の生長

新梢以外で果実と競合する器官には、旧枝・旧根と新根がある。拡大生産期は養水分の要求量が最も多い時期なので、新根を減らすことはよくない。したがって、物質の新根への分配は減らせない。

旧枝と旧根への分配は、新しい年輪になる。年輪は、発芽と同時につくられるものの、消費再生産期では貯蔵養分の消費によって乾物重はむしろ減る。しかし、養分転換期以後は物質生産に余裕があれば、再貯蔵され年輪の生長と同時に乾物率も高くなる。

これまでのデータからすれば、若木では果実が少ないので枝葉の生長が著しく、年輪の肥大も大きい。成木のデータがないので、明確にはいえないが、主枝や太根の肥大から推定できる。

表3−2　ナシ'二十世紀'のせん定強度と新梢長、葉面積指数、収量　（島根農試、1993）

試験区	平均新梢長 (cm)	総新梢長 (m/10a)	葉面積指数	収量 (kg/10a)	比率（%）	(kg/LAI)
改良弱せん定区	50.4	312.2	3.42	5301	100	1550
改良中せん定区	56.6	335.3	2.88	2636	49.7	915.2
慣行区	53.2	299.0	2.76	2724	51.4	987

注）図2−5は樹冠の写真

②収量の多い樹ほど旧枝・旧根の肥大が劣る

図3―9と第2章図2―9に、17年生のナシ'二十世紀'の太根（旧根）と主枝基部（旧枝）の肥大生長を示したが、どちらも養分転換期から1カ月ほど経った6月上中旬ごろから著しく肥大生長している。肥大生長の程度はせん定の方法でかなり差があるが、主枝と太根とではちがっており、主枝では慣行区が最も太り、改良中せん定区がこれに次ぎ、改良弱せん定区が最も劣っている。しかし、太根では改良中せん定区が最も太り、次いで慣行区で、改良弱せん定区が最も劣った。

10a当たりの収量をみると（表3―2）、改良弱せん定区が5301kgで最も多く、次いで慣行区が2724kg、改良中せん定区は2636kgで最も少なかったが、LAI（葉面積指数）に対する収量は改良弱せん定区が断然多く、中せん定区と慣行区は明らかに少なくその差はわずかだ。

このことから、収量の多い樹（葉面積指数当たり）ほど、太根と主枝基部の肥大が劣ることが推察される。そうすると、着果量を減らしすぎると、枝や根への物質の分配が増えるのではないだろうか。そうなると、着果量は物質生産に見合った適正量にするのがよいといえそうである。この問題については、第5章でくわしく述べたい。

5　蓄積生産期の生育と栽培のポイント

(1) この時期の生育の特徴と目標

①物質は枝と根に配分される

蓄積生産期は、収穫が終わってから落葉するまでの期間をいう。この時期には、それまで最も多くの物質を取り込んでいた果実がなくなったため、物質はその他の器官へ分配されることになる。

そのなかでも、枝と根への分配が中心になるのは、容易に理解できるが、それを量と質の両面から考察する必要がある。ようするに、それぞれの器官がどれだけ増えたか、どれだけ充実したかである。量的な面については、これまでかなり述べてきたので、ここでは質的な面にかぎって述べてみたい。

②各器官の乾物率はこの時期に高まる

図3―37に3年生ブドウ〝デラウェア〟の器官別乾物率の1年間の変化を示した。果実を除く器官の乾物率の変化をみると、葉は20％からゆるやかに高まり、40％近くまでになって落葉した。新根は、常に伸びている根だから、30％から40％のあいだで変化は少ない。

これに対し、旧枝（幹）と旧根（小根）は発芽とともに低下し、果粒軟果期ごろに最低になり、そこから増加に転じ、落葉期には発芽前の乾物率まで回復している。

新梢の茎は十数パーセントから徐々に高まり、落葉期には旧枝と同じ程度に増え、翌年には旧枝になる。

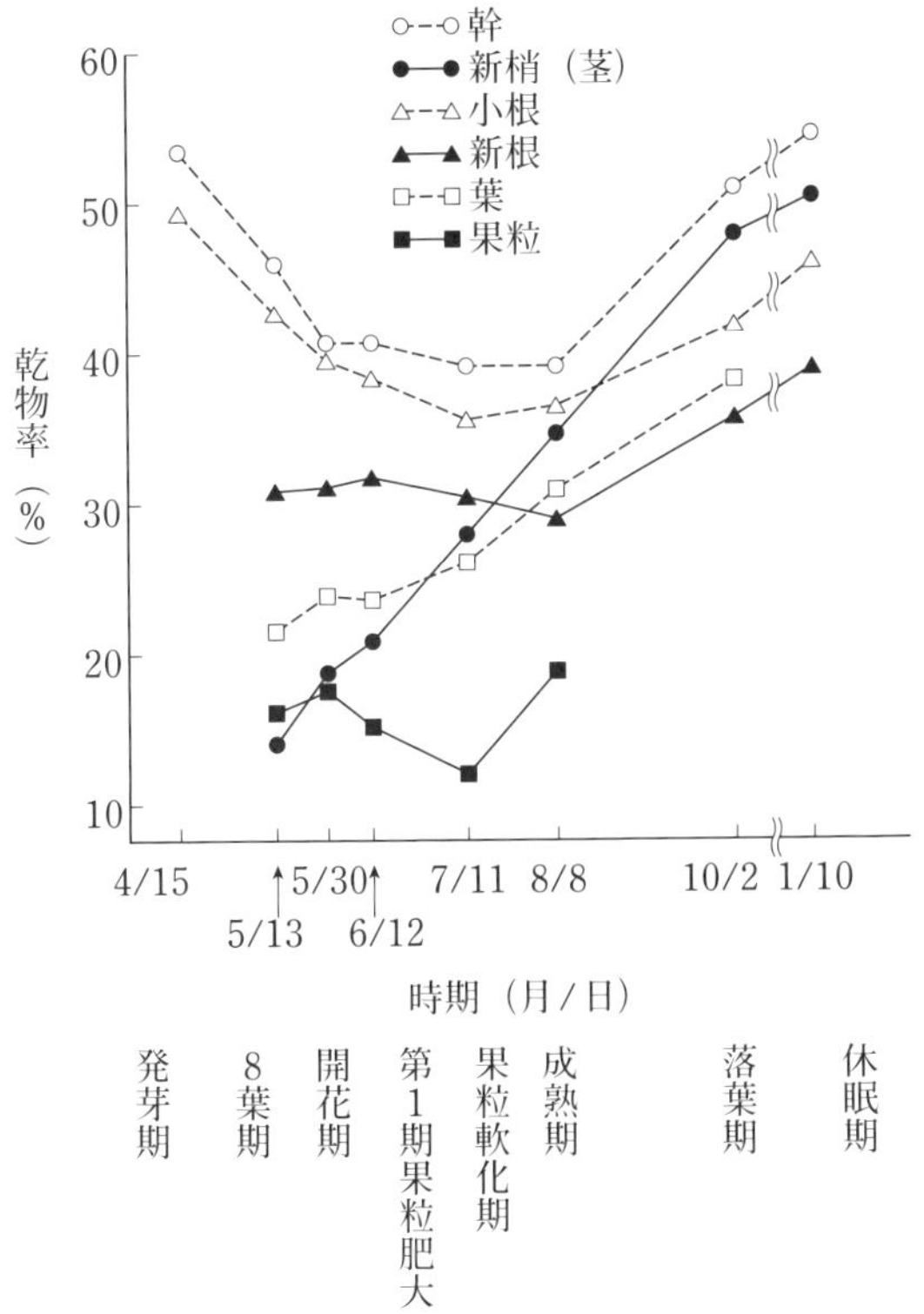

図3－37　露地栽培3年生ブドウ‘デラウェア’の器官別乾物率の季節変化　（高橋、1979）

③この時期も光合成能力の高い葉が必要

乾物率が高くなるということは、おもに炭水化物である物質が、よく蓄積されているということである。つまり、蓄積再生産期も光合成能力の高い葉が必要だということである。

収穫が終われば、栽培は終わったと気を抜く人がいるが、大きなまちがいである。永年作物である果樹にとって、収穫が終わった時期が翌年の生長の出発点といってもよい。

この期間は、果樹や品種によって長さに大きな開きがあり、早生品種は長く晩生品種になるほど短くなる。とくに、晩生品種では収穫後の管理だけでは養分を十分に貯蔵できないことがある。それは着果過多のときである。

それでは、この期間はどのようなことに留意すればよいのだろうか。消費再生産期のところで述べたように、貯蔵養分には炭水化物と無機養分の両方があり、この両方を旧枝・旧根に十分蓄えさせなければならない。

(2) 健全な葉を維持する

①健全な葉とは

貯蔵養分の大部分は炭水化物なので、葉を健全に保つ必要があるが、健全な葉とはどんな葉をいうのだろうか。落葉果樹の葉は秋の深まりとともに黄色または紅色が濃くなって、自然に落葉する。これが自然の葉色の変化である。

図3―38をみていただきたい。ブドウ〝巨峰〟の葉にしめる黄色部分の割合と光合成速度との関係をみたものだが、黄色の部分が増えると光合成速度が遅くなるこ

とがうかがえる。

このことは、収穫後貯蔵養分を蓄える葉は、緑が濃くなければならないことを示している。葉の色に注意し、肥料切れをおこさないようにしたい。

②健全な黄葉と落葉の時期

それでは、葉色がいつまでも濃いほうがよいだろうか。雪が降るようになっても黄葉しないのは問題である。ブドウの実験で、葉が黄色になるほど葉中の窒素は少なくなり、葉がついている茎の窒素が多くなることが明らかになっている。

黄葉するのは貯蔵養分の炭水化物が十分蓄積したからだけでなく、葉のなかの窒素を茎に転送する意味もある。ブドウの早期加温栽培では、発芽前に結果母枝の芽に窒素を散布すると発芽がよくなるので技術化されている。

9月をすぎても葉色は濃いが、冬に向かってしだいに黄化し、11月上旬以後、雪が降る前には黄葉して自然に落葉するのが正常な生育だといえよう。

貯蔵養分には肥料養分も含まれるわけだから、発芽を促進する窒素が枝にもどることは、翌年の初期生長をうながすためにも大切である。

③収穫後の防除も大切

図3―39は、ナシの葉が病気にかかったときの光合成速度をみたものである。葉面積にしめる病斑の面積が増えるほど、光合成速度の減少は著しい。収穫後の防除は、

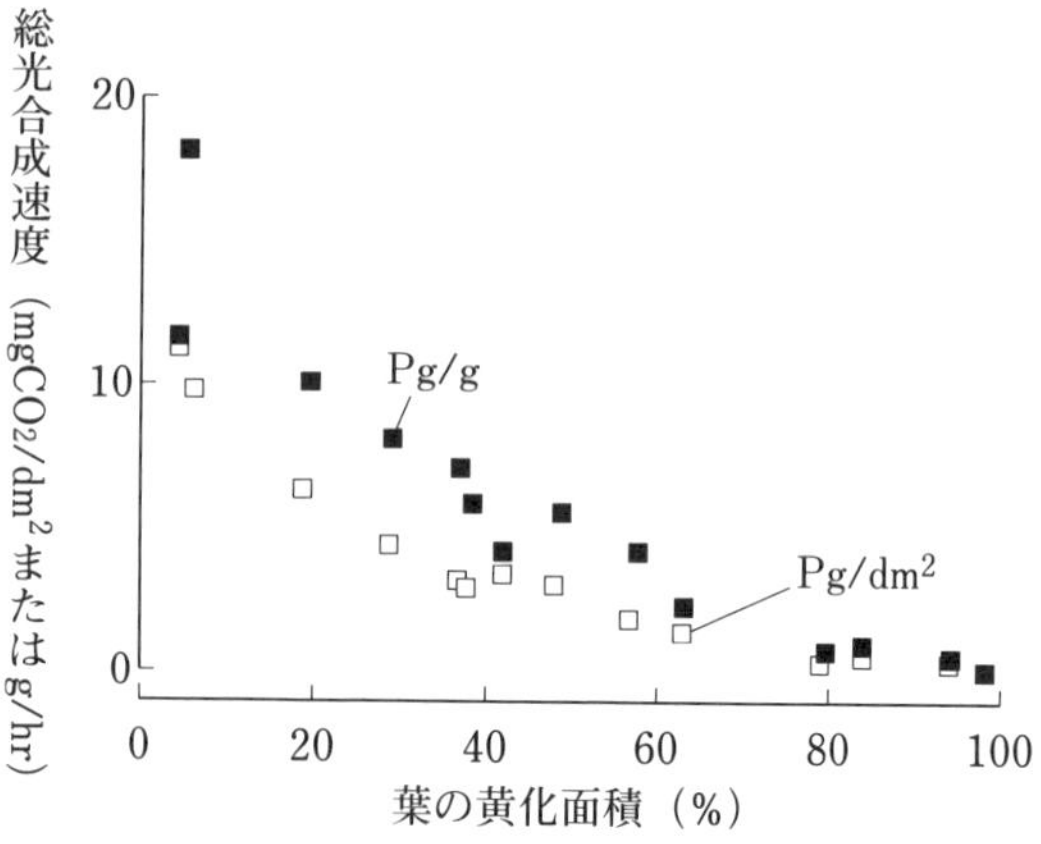

図3−38　ブドウ‘巨峰’の葉の黄化程度と光合成速度
（本條、1982）

光合成は11月に測定
Pg/g：Pg/葉乾物重（g）、Pg/dm²：Pg/葉面積（dm²）

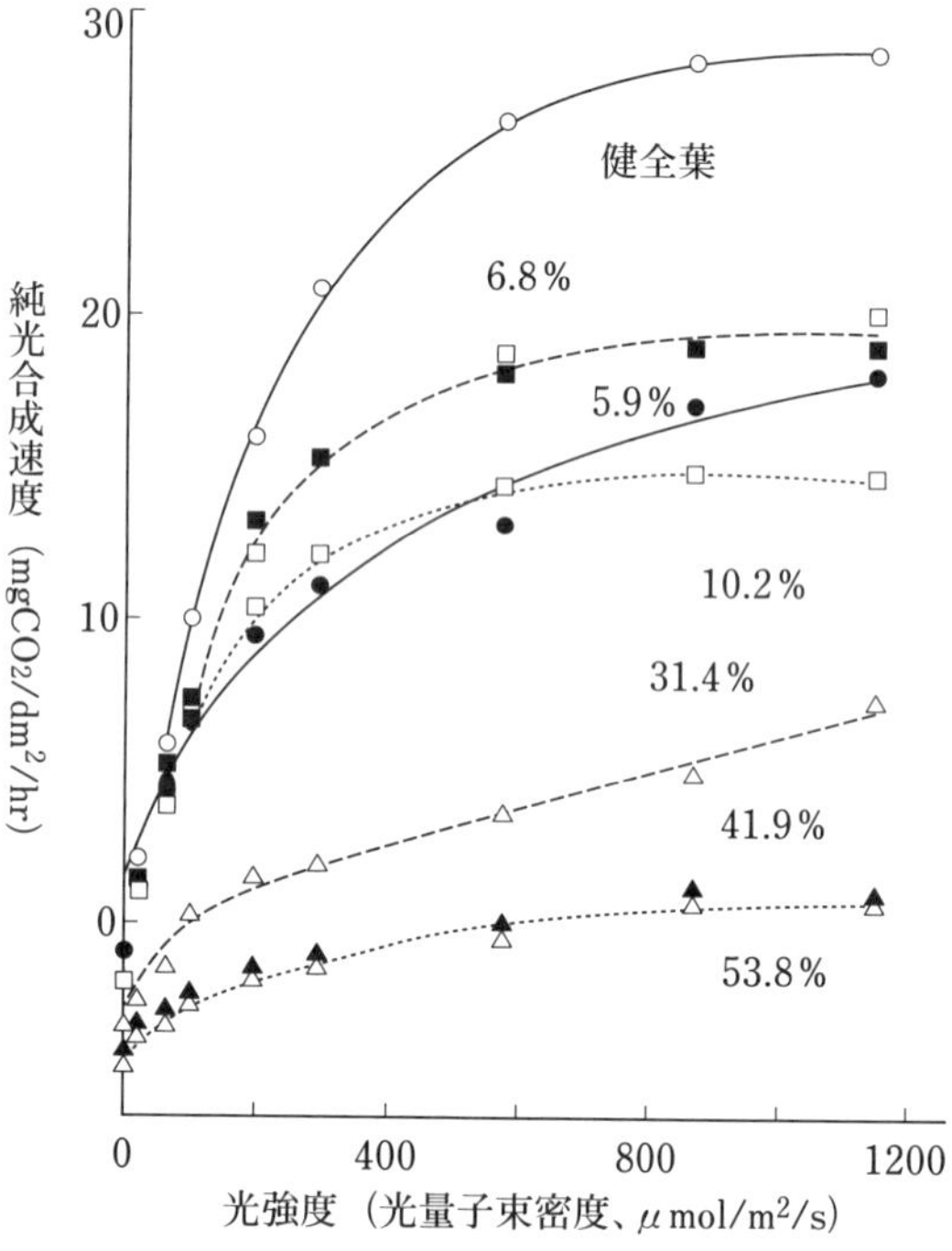

図3−39　ナシ‘独乙’の葉の病斑面積と光合成曲線
（本條、1985）

注）1. 健全葉（●、○）、接種時の葉齢が5日（▲、△）と15日（■、□）
2. 測定は接種6～7週間後に行なった。図中の数字は、病斑面積の割合を示す

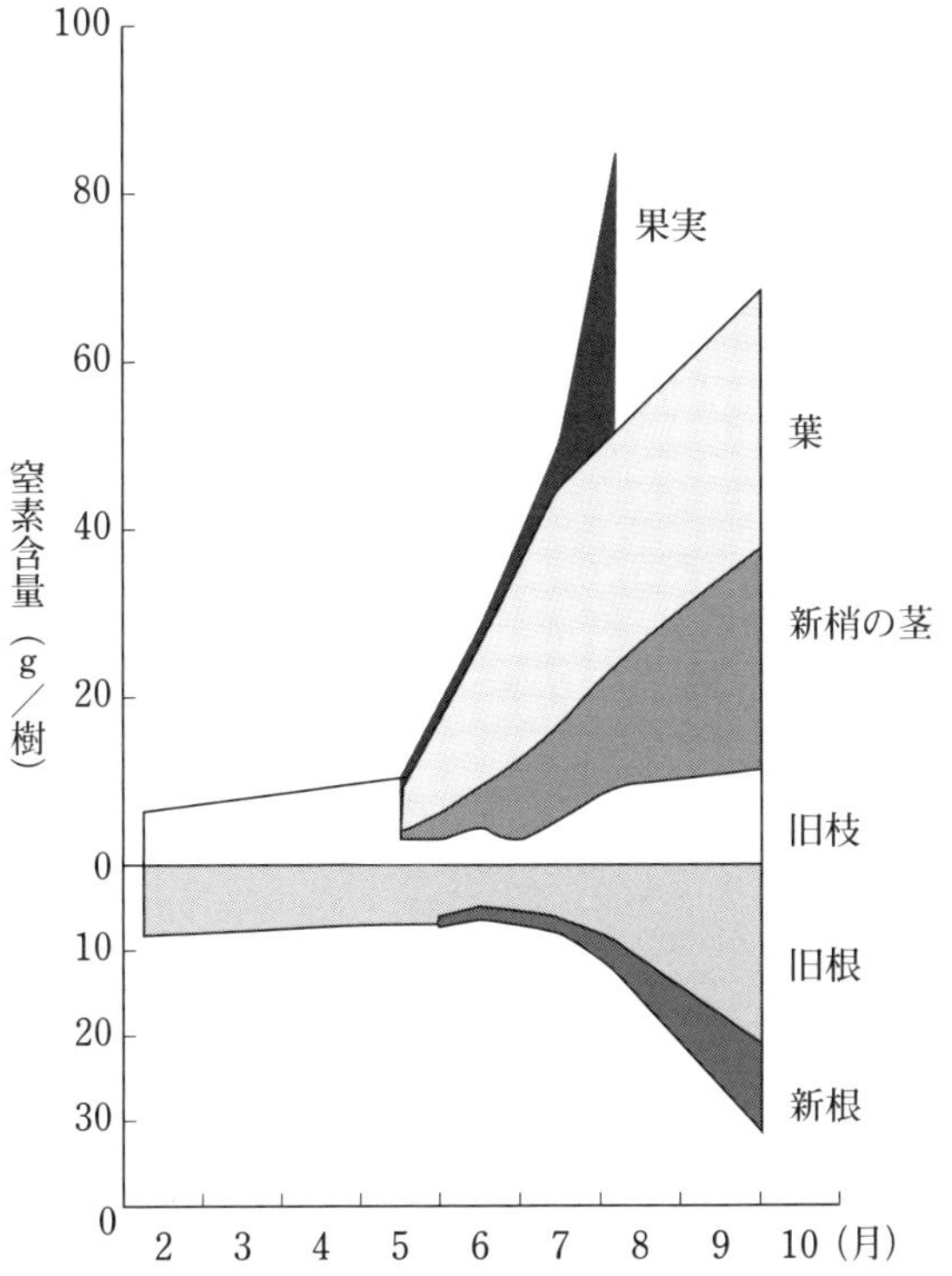

図3－40　3年生露地栽培ブドウ‘デラウェア’の1樹当たり器官別窒素含量の季節変化

（小豆沢、1979）

葉を健全に育てるためには必要であることを示している。

ついでながら、農薬は病害虫を防ぐ意味からは有効であるが、果樹にとっては毒である。農薬がかかった葉の光合成速度は落ちることが確認されているので、必要以上の農薬散布は控えるのがベターである。

(3) お礼肥の判断と量

収穫後に葉の緑を保つには、肥料養分、とくに窒素が効いていることが必要である。同時に適期に自然落葉させるには効きすぎないことが大切である。

果樹ではお礼肥といって、収穫後に肥料を施すのが常識になっていて、都道府県やJAでは種類や品種ごとに施肥設計が立てられている。

物質生産理論からは、お礼肥をどのように考えればよいであろうか。

①お礼肥は樹の生育で判断する

水田や野菜畑と果樹園のちがいはいろいろあるが、土壌の均一性のちがいが大きい。果樹園土壌は千差万別で、肥沃度、排水性、粘質性など、ちがいはたいへん大きい。

ということは、都道府県やJAで立てた施肥計画を、そのままわが家の果樹園に使うには問題があるということである。

そのうえに、果樹の生育は肥料養分だけで決まるわけではない。天候などの気象条件や、着果量などの栽培管理でも変化する。

したがって、お礼肥をやるかやらないか、どれだけ施せばよいのかなどは、果樹の生育から判断するしか方法はない。たとえば、葉色が濃く、新梢の生長がよすぎるなら、窒素が効きすぎていると判断できる。そのときには、施肥計画よりお礼肥の窒素を減らすか施さない。

反対に、収穫中に黄色い葉が目立つようなら、窒素不足が考えられるので、速効性の窒素を施さなければならない。

収穫後しばらくは葉色が濃く、しだいに黄化し、11月にはいり自然に落葉するのが理想なので、そのことを考えて施すか否か、施すとすればどの肥料を何キログラムかを判断する。

②多い収穫後の窒素吸収量

図3―40は、3年生ブドウ‘デラウェア’の1樹当たりの器官別窒素含量の季節変化である。発芽後から果実成熟期までの吸収量も多いが、収穫後の吸収量も多い。

とくに、新梢の茎と根に多く取り込まれている。これは、〝デラウェア〟が早生種であるのと、幼木のため、収穫後も新梢が生長しつづけたことによる。

これが成木で晩生種なら、収穫後の窒素吸収量は、かなり少なくなる。少ないが、吸収・蓄積されることにはちがいはない。

6 休眠期の生育とせん定による樹勢調節

(1) この時期の生育の特徴

落葉後翌年の発芽までを休眠期という。この期間は、葉がないから物質生産は行なわれないが、生きて呼吸しているから、物質の消費は行なわれる。しかし、基礎呼吸にかぎられ、しかも低温のため消費量はごくわずかである。そういう意味では、物質生産収支についてはほとんど考えなくてもよいだろう。

しかし、この時期は量的な変化は少ないが、低温による休眠打破など重要な生理的変化がおこっている。といっても五感でとらえることはむずかしいので、ここでは翌年の生長制御について述べるにとどめたい。それは、せん定強度についてである。

(2) 好適樹相への出発点は冬季せん定

高品質多収の樹はそれなりの姿をしており、好適樹相ともよばれている。したがって、高品質多収を実現するのには、好適樹相の樹になるよう生育を制御しなければならない。

好適樹相を表現すると「発芽は早く初期生長は旺盛で、6月中旬ごろには最適葉面積指数になって、新梢の生長は全て停止している。それに見合うように着果させた果実は、よく太り糖度が高くおいしい。収穫後も葉色は濃くしだいに黄化し、11月上中旬ごろから自然に落葉する」といえばいいだろうか。

そのように、誘導するための最初の作業が冬季せん定である。冬季せん定で最も重要なことは「せん定強度」である。適正なせん定強度にすることが、せん定の基本中の基本である。

(3) 適正な「せん定強度」とは

① 樹勢は葉面積指数が高くなるほど強くなる

それでは、せん定強度はどうすればよいだろうか。先ほど述べた適正樹相になるような樹勢にすることだといえよう。ここで、問題は「樹勢」とはなにかということだ。この問題は、人によっていろいろ解釈されてきた。

私も60年間このことについて思い悩んできたが、現在の結論をいえば「葉面積指数」ではないかと思う。もう少し正確にいうと、「樹勢が強ければ強いほど、葉面積指数は高い」という表現は正しいが、樹勢＝葉面積指数は逆立ちしていないか？「葉面積指数が高くなるような生長をする樹を樹勢が強いという」はどうだろうか！

このように、一定の土地面積に葉が多いほど樹勢は強いと考えればすっきりする。

葉のない冬では、「一定面積内の総新梢長が長いほど樹勢が強い」といえよう。

②樹勢は新梢の長さと密度で判断 ——土地面積当たりの総新梢長

図3—41は、平棚栽培の9年生マルバ台リンゴ'ふじ'のせん定前の樹冠である。

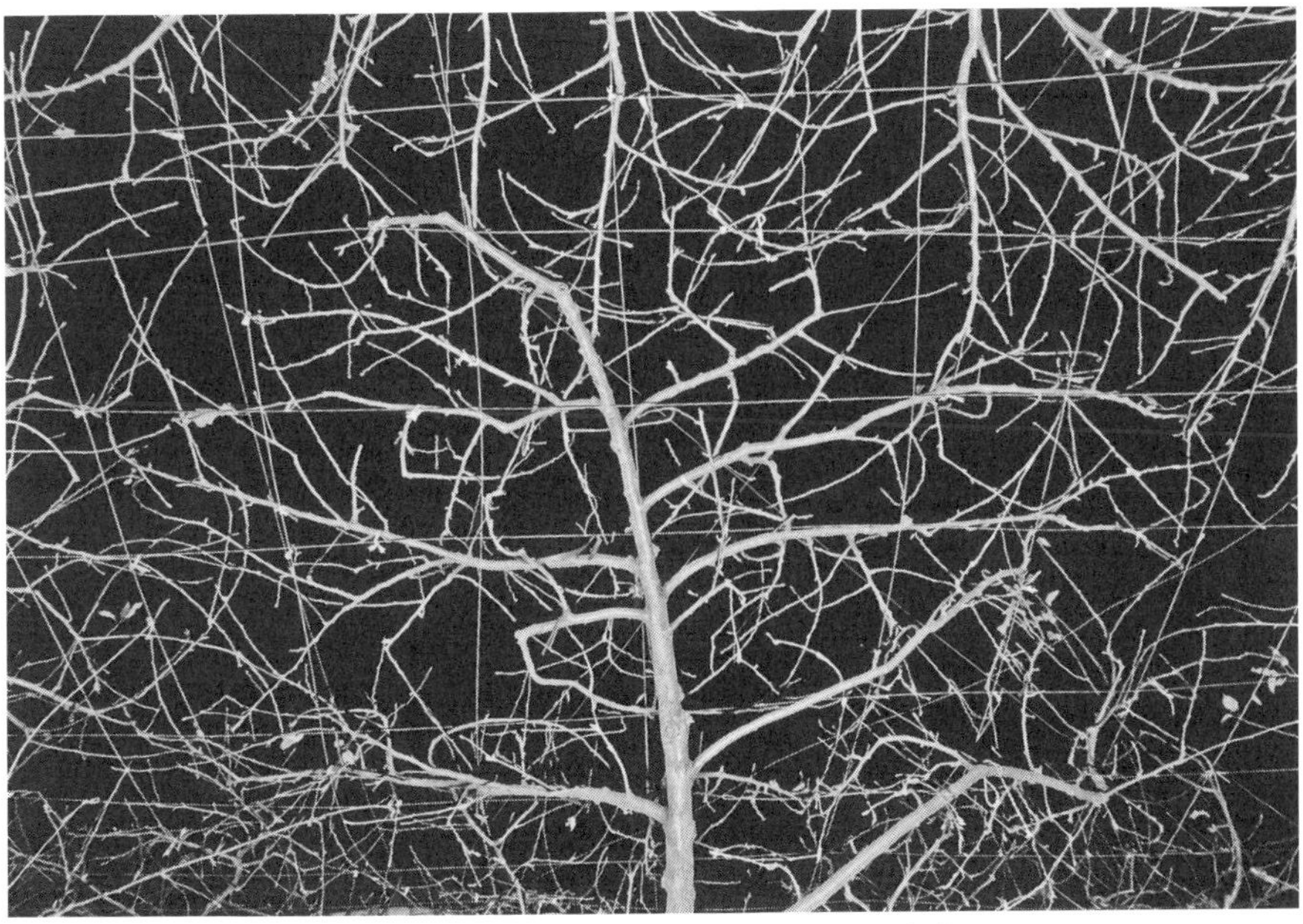

図3−41　平棚栽培9年生マルバ台リンゴ'ふじ'の新梢の強さと密度
樹勢は強い

図3−42　平棚栽培9年生マルバ台リンゴ'ふじ'の新梢。推定葉面積指数は5前後である

これをみた、島根フルーツクラブ（島根県の果樹農家、技術者の勉強会グループで、島根県果樹技術研究会に合流）のメンバー全員は、樹勢が弱いと判断した。私が「これは樹勢が強いのだ」といったら、一様に驚き信じられないようすだった。

図3—42は図3—41の夏の状態である。おもな新梢は平棚に誘引したが、見落としたものは非常に勢いが強い。このときの葉面積指数は5くらいであった。さらに、冬のせん定後の翌年の生長も旺盛で、夏季せん定で樹冠を最適葉面積指数に維持するのに苦労した。樹勢は強かったのである。

メンバーがまちがったのは、多くの果樹農家は、樹勢の判断を1本の新梢の伸びで行なっているためである。だが、実際の樹勢の強さは新梢の長さと密度、すなわち土地面積当たりの総新梢長なのである。

この場合、平棚栽培なのでこの程度で伸びは止まったのだが、もし立木仕立てなら新梢の伸びは1m以上になっただろうと思われる。

だから、図3―41樹のせん定はできるだけ弱くする必要がある。ようするに芽を多く残すわけだ。それでも、強くなりそうなので、亜主枝や側枝の基部にクサビをいれて、その枝の樹勢を弱めるように努めた。それでも、翌年の樹勢は強かった。

③せん定の強度は残す芽の数で決まる

適正せん定強度とは「6月中旬ごろに全ての新梢の生長が停止し、最適葉面積指数になる」ようにすることであるが、そのためには、冬季せん定で芽の数をどれだけ残すかにつきる。

本章の図3―17で旧枝の体積（材積）と新梢（結果枝）の生育で示したように、翌年の新梢の初期生長は、せん定後に残った1芽当たりに供給される貯蔵養分の量に比例するからである。

また、図3―12で示した結果母枝剥皮《はくひ》区や早期（前年9月）摘葉区の新梢の状態を思い出せば理解が深まるだろう。

(4) せん定の程度と新梢の生長

①芽の数が少ないほど新梢はよく伸びる

芽の数の問題について、もう少しくわしく知るために行なった実験を紹介したい。

図3―43がそれであるが、直径30cmの素焼き鉢で結果母枝1本を育てたブドウ〝デラウェア〟を、1、2、4、8、16芽にせん定して、翌年の生長をみたもので、新梢1本の長さの推移を示している。

1樹当たりの芽の数が少ないほど、明らかによく伸びている。なぜこうなるかといえば、貯蔵養分は1年枝（結果母枝）のなかにだけにあるのではなく、太い枝や根にも蓄えられている。したがって、芽の数が減るほど1芽に供給される貯蔵養分の量が多くなるからである。

したがって、樹勢が弱った樹を強くしたいときには、思いきって強せん定して芽の数を減らせばよい。

②肥料ではすぐに反応しない

樹勢を強くするには肥料を多く施せばよいのではないかと思う方もおられるかもしれない。しかし、幼木や若木時代ならそういえるが、樹齢がすすんで樹勢が弱ったときに肥料を多く施してもすぐには反応しない。せん定なら、翌年の生育を確実にかえることができる。

③芽の数が多いほど総新梢長は長く葉面積も多くなる

次に、図3―44は図3―43と同じ実験のデータであるが、1新梢当たりではなく1樹当たりで示してある。図3―43とは反対で、芽の数が多いほど総新梢長は長くなっている。

葉面積も同じで、適度な樹勢の場合、芽の数が少ないと1新梢当たりの葉面積は多いが、1樹当たりでは少なく、しかも遅くならないと増えない。

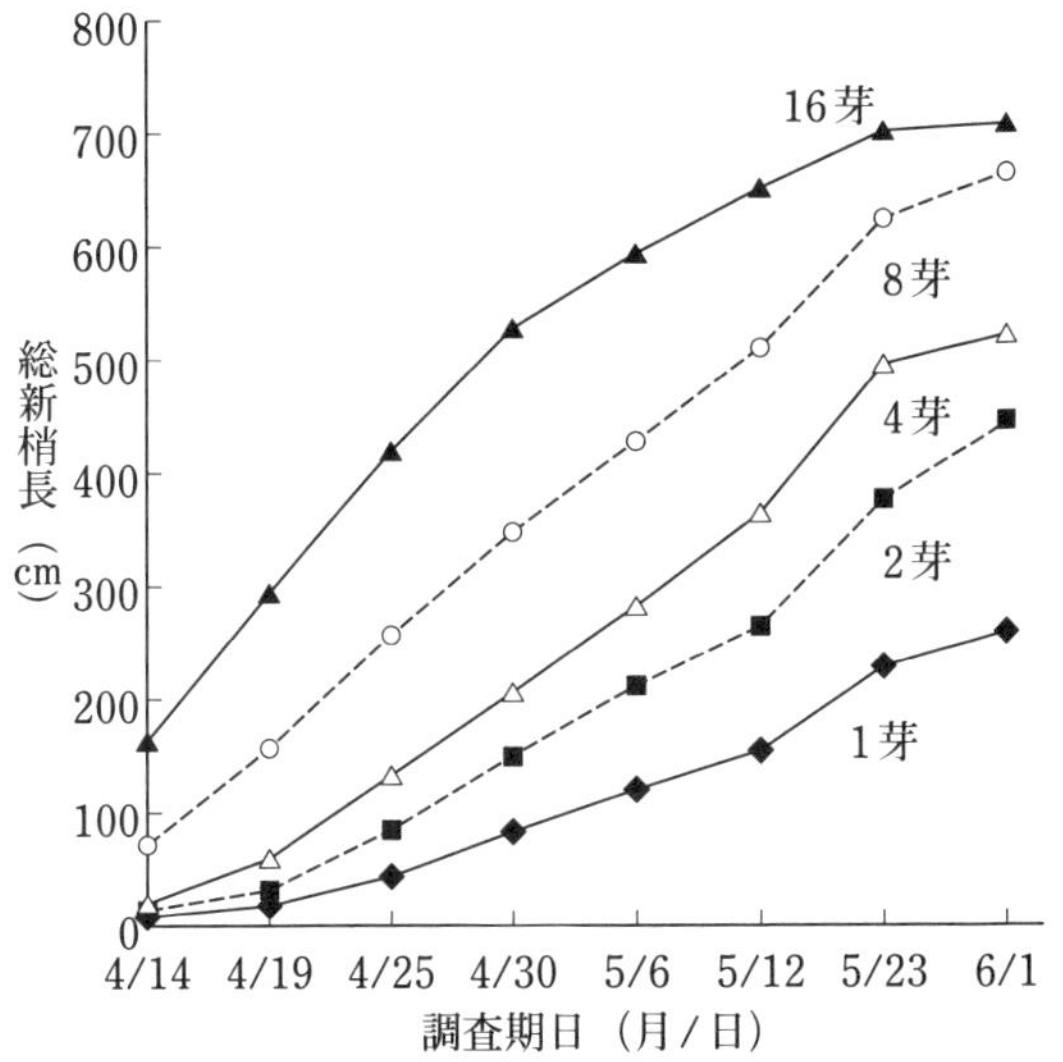

図3−44　30cm素焼き鉢ブドウ‘デラウェア’のせん定強度と総新梢長　（高橋、1983）

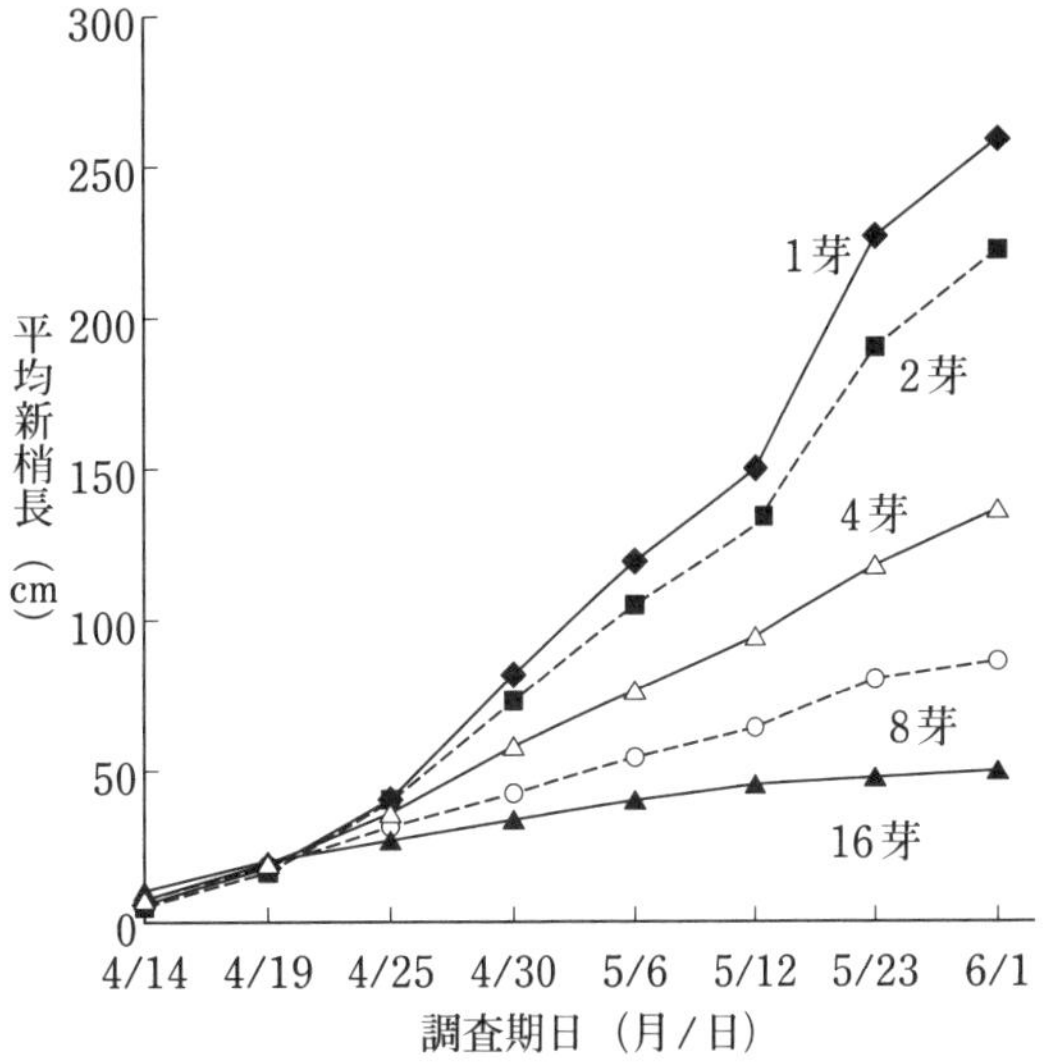

図3−43　30cm素焼き鉢ブドウ‘デラウェア’のせん定強度と平均新梢長　（高橋、1993）

(5) 適正なせん定の方法
——芽の数、切り返しと間引きの使い分けで

この二つの実験からいえることは、弱った樹を強くするには思いきった強せん定が必要であるが、強い樹を落ち着かせるには、芽数を多く残すことが必要であるということである。

また、芽数の残し方も大切で、同じ芽数を残すとき、切り返しせん定を多くすると、思ったほど落ち着かない。そういうときは、間引きを多くして、残った枝の切り返しは弱くするのがよい。

このように、樹勢を適度にして適正樹相へ誘導するには、せん定強度を適正にする必要がある。冬季せん定では、花芽の数まで考えて行なうわけだが、最も大切なのは強さであることを忘れないにしよう。そして切り返しと間引きを上手に使い分けよう。

もちろん成木になり、好適樹相に近い状態の園なら、せん定強度は前年と同じでよいのは当然である。そのような樹相になると、安定して栽培がらくになる。

7 低収型から高品質多収型へ転換する方法

低収型から多収型への転換をせん定で行なうときの注意について述べるが、この問題はせん定の基本なので、一冊の本になるくらいの内容がある。ここでは、冬季せん定時の原則的なことにかぎりたい。

(1) 強勢樹からの転換

土壌管理や施肥量を控えるなどは当然行なうが、冬季せん定を弱くすればよい。せん定を弱くするとは、樹勢が強い樹ほど芽を多く残すということである。ここでいう芽とはおもに葉芽のことで、リンゴ型果樹の短果枝も含む。

実際のせん定では、主枝や亜主枝の先端は長く残して、樹冠を広げる。そして、短果枝を含め1年目の枝の数を多く残す。

これまでの仕立て方では、幹周辺（ふところともいう）が空くが、徒長枝の巣になることが多い。これを防ぐには、主枝や亜主枝の中間部分から返し枝を幹へ向けて伸ばすことである。こうすることによって、樹冠先端部と同じようなよい結果枝が得られ、樹勢を落ちつかせ、高品質果実が多くとれるようになる。

長い長果枝、発育枝、結果母枝などは切り返しを弱くするか、せん定しない。そうすることによって、春からの樹勢は確実に落ち着く。

また、同じ芽数を残すなら、枝のとちゅうで切る切り返しせん定はできるだけさけ、不要な枝は基部から切り落とす間引きせん定を中心にする。極端な場合は無せん定にすれば樹勢は明らかに落ち着く。

(2) 弱勢樹からの転換

樹勢が弱くなると、樹冠に空間ができるので枝を多く残す人がいる。これでは樹勢がより弱くなる。樹冠を縮めるなど、思いきって強せん定する。それも、切り返しを主体にしなければならない。花芽は少なくし発育枝を残すようにする。切り返しは太い枝は長く、細い枝は短く切って、翌年の初期生長をうながす。

そうすれば、樹冠は縮まるが樹勢は必ず回復する。樹勢によるが、元の樹冠に回復するのに少し時間がかかることがある。

樹勢回復対策で、土壌管理や施肥を考えるのは正しいが、効果が出るまでには長期間かかる。しかし、強せん定すれば、せん定した翌年に効果が出る。それだけ、せん定強度の効果はすばらしい。

(3) 樹冠の大きさと樹勢の考え方

穂木と台木が同じ品種や自根であれば、地上部と地下部のバランスによって樹勢は決まるといってよいだろう。根域が広くて深いほど、土壌が肥沃なほど、樹勢は強くなる。しかし、樹冠が広がるにつれて樹勢は落ち着いてきて限界に達し、それ以上樹冠を広げると樹勢は弱くなる。

したがって、基本的には樹勢が強ければ樹冠を広げてやればよいし、弱ければ樹冠を縮めればよい。土壌条件に見合う大きさで広がった樹冠で、園がうめつくされるのが理想である。

そうした目で、果樹を観察したいものだ。

以上で物質生産理論が成り立つことを証明するための、解説は終わる。次章からは、その理論を実際栽培にどのように適用するかについて述べる。

第4章　適正収量の考え方と多収園の例

これまで、落葉果樹の物質生産を増やす方法や、果実分配率を高める方法について述べてきた。ここでは、物質生産量や果実分配率はどのくらいかなど、具体的な話にはいっていきたい。
そのため、まず、果実収量は果樹の物質生産量の一部であるから、果樹の物質生産量はどのくらいなのか検討する。次いで、果実にどれくらい分配されるのか、それはいつごろなのかなどについて検討する。
さらに、果実の乾物率について、新しい調査結果なども加えて検討し、最後に、おもな種類や品種の適正着果量を推定する。

1　収量とはなにか

適正収量の内容にはいる前に、収量の概念について述べておきたい。収量は農業関係の辞書には見当たらない。それほどあたりまえの言葉になっている。ちなみに、広辞苑では「収穫の分量」となっている。果樹の場合には当然、生の果実の重さを意味する。

通常これで問題はないのだが、物質生産《ぶっしつせいさん》力《りょく》の比較をするには、不正確な概念といわざるをえない。たとえば、米の反収600kgとリンゴの反収3000kgをくらべると、リンゴのほうが多い。

しかし、第2章3項で述べたように、収量は物質の量、すなわち水の重さを差し引いた乾物重で比較してこそ正しい。米600kgの乾物重は510kgになるが、リンゴの3000kgは420kgであるから、米のほうが多いのである。

このように、収量を物質生産力として比較するには、乾物重に換算しなければならない。そして、適正収量は果実乾物重を基準にして論じなければならないといえよう。

ここでは、果実の収量は果実の乾物重を水で薄めたものととらえる。乾物率10%の果実の収量が3000kgなら果実の乾物重は300kgになる。反対に乾物重300kgの収量は3000kgだということである。

このような考え方で、適正収量について考えてみたい。

2 果樹の物質生産量

樹木の物質生産量、すなわち純生産量については、森林生態学で多くのデータがある。しかし、ほとんどは地上部のデータで、地下部は推定値が多い。只木良也氏（1971）は純生産量の推定値として、落葉広葉樹は8.7±3.0t/ha・year であるという。落葉果樹の純生産量はいくらだろうか。

落葉果樹の純生産量についてのデータは少なく、しかも調査方法が一定でなく信頼性に欠けるものがある。そこで、島根県農業試験場（現・島根県農業技術センター。以下、島根農試）で行なった調査結果を中心にして述べることにしたい。

(1) 物質生産量の調査方法

調査方法について簡単に述べておきたい。目的は、一定の土地面積で1年間に生産された純生産量（新しく1年間に増えた果実、葉、1年枝（新梢《しんしょう》の茎）、新根、旧枝《きゅうし》・旧根《きゅうこん》の年輪の乾物重）を知ることにある。そのためには、極相状態の森林のように、果樹園全体が樹冠で覆われていなければならない。

したがって、それに近い園を調査対象にする。そして、調査樹を決め、樹冠の下にシートやネットなどをぶらさげ、芽が出て落葉するまでの期間、脱落する器官を全て集めて乾燥重を測定する。果実は全てを乾燥するわけにはいかないので、成熟期に果実のサンプルをとって乾燥し、全収量から果実の乾物重を計算する。

落葉したら、調査樹を掘り上げて新梢の茎（1年枝）と新根は分けてとり、乾物重を測定する。旧枝や旧根は太さで3～4種類に分けて重さを測る。おのおの太さで中心部分を輪切りにして、年輪の幅を測ってその比率から、その年に増えた年輪の乾物重を計算する。それら全てを合計したものを純生産量とする。

そして、調査樹が占有する樹冠面積を測定して、園の面積10ａ当たりの値に換算する。ブドウやナシは棚仕立てで樹冠はほぼ密閉状態にあるので問題はないが、立木仕立てでは樹冠に空きがある。その場合、空いた土地の面積も含めなければならないのに、樹冠の投影面積で計算している場合がある。これは土地の物質生産力の比較には使えないので、必ず園の面積で計算しなければならない。

島根農試では、ブドウ、ナシはもちろんのこと、リンゴやモモもY字形棚仕立てで栽培していたので、純生産量を推定するのに適していた。

いうのは簡単だが、実際にこれを実行するには精神的、肉体的に重労働であり、多くの費用と時間が必要になる。

(2) 簡便な調査方法

そこで、私はブドウでは少し簡便な方法を使った。島根県のブドウは100％ハウス栽培であり、樹冠は密閉状態で面積は正確である。気象条件の影響が少なく収量はかなり正確にわかる。収穫はじめにサンプルの糖度と果実乾物率を測定して、果実乾物重を計算する。そして、落葉直前に園内に残っている脱落物を集める。

調査は、調査樹の樹冠占有面積を三角法で測定してから、地面にビニルシートを敷き、新梢を全て切り取り、長さを測定した後葉と茎に分ける。それぞれの重さを測り、一定量のサンプルを乾燥しないようにポリ袋にいれて封をする。旧枝は、側枝、亜主枝、主枝、幹などに切り分けるが、太さを三つくらいに分けてそれぞれの重さを測ったのち、分けた旧枝の平均的と思われる太さのところを輪切りにしてサンプルとして持ち帰る。

根はできるだけていねいに掘り取る。新根はその年に出た根だが、秋根は白いものの春根は褐色になっていて旧根との見分けがつきにくい。そこで、太さ2㎜までを新根とした。旧根は旧枝と同様に三つくらいに分類して重さを測った後、サンプルをとり持ち帰る。根の採取はむずかしいが、島根県のブドウはほとんどが砂丘地でつくられており、掘り上げは比較的容易であった。

持ち帰ったら、サンプルは乾燥機で乾燥し乾物率を測定する。その前に、葉は葉面積を、旧枝や旧根は年輪幅を測定しておく。測定が終わったら、それぞれのデータから10a当たりの純生産量を計算する。

このやり方は、落とした花穂、果房、果粒、および脱落した花弁、萼《がく》などはわからない。また、新根の秋根はとり残しがあるなどの問題はあるが、それらの比率は低いのでブドウ樹の純生産量を検討するデータとしては使えると考えている。

この方法が優れている点は、調査の数をこなしやすいことである。複雑な自然条件のなかでつくる果樹では、データの数が多いほど信頼性は高まるからだ。

(3) 果樹の純生産量と葉面積指数

図4―1は、ブドウ、カキ、リンゴ、ナシ、モモ、イチジク、クリの信頼がおけると考えられるデータをもとにした、葉面積指数と純生産量の関係をみたものである。

10a当たりの純生産量の平均値は1654kgであったが、落葉広葉樹よりかなり高い。果樹は栽培されており、物質生産を増やす管理がされているためである。

付け加えるなら、このグラフの最高葉面積指数は6・31である。これまで述べてきた最適葉面積指数をはるかに超えている。それは、葉面積指数を計算した葉のなかには、脱落したものも含まれているからで、そのため累積葉面積指数とした。

樹勢が極端に強いと新梢は遅くまで伸び

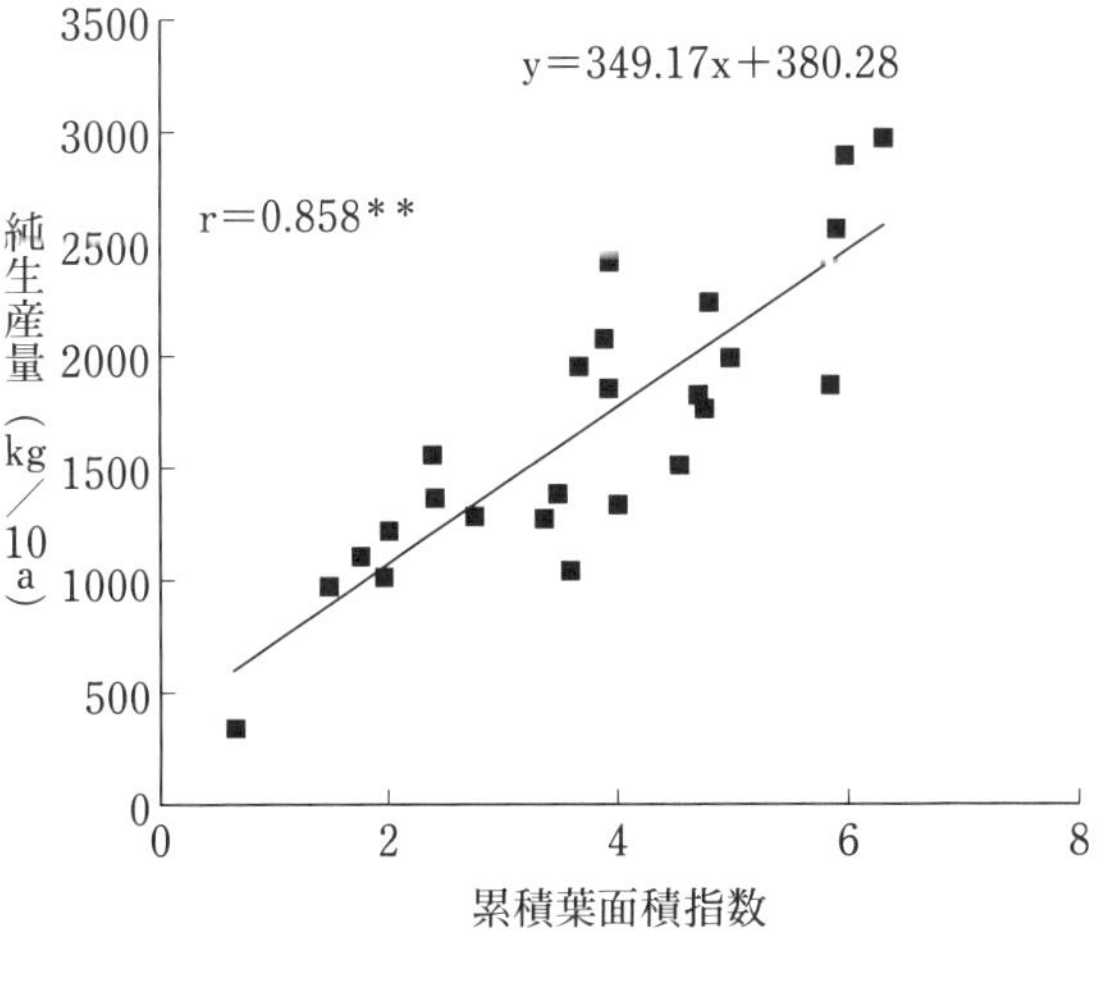

図4－1 いろいろな種類の果樹の累積葉面積指数と純生産量
（高橋、1998）
rは相関係数（r=0：無相関、r=1：完全相関）、＊＊は1％水準で有意を示すつづけ、最適葉面積指数を超えてしまう。そうすると、果樹は不要になった下の葉から落とすのである。落とした葉も純生産量のうちだから、図4—1のような関係になるのである。

図4—1の関係式（y＝349.17x＋380.28）から葉面積指数3と4の果樹が、10a当たり1年間に生産した純生産量を計算すると、1428kgと1777kgになる。しかし、この値のなかには、最大純生産量を知るために、超密植・多肥の実験データもはいっているので、値はあまり重視しないで、純生産量が葉面積指数に比例して増えることだけを理解していただければよい。

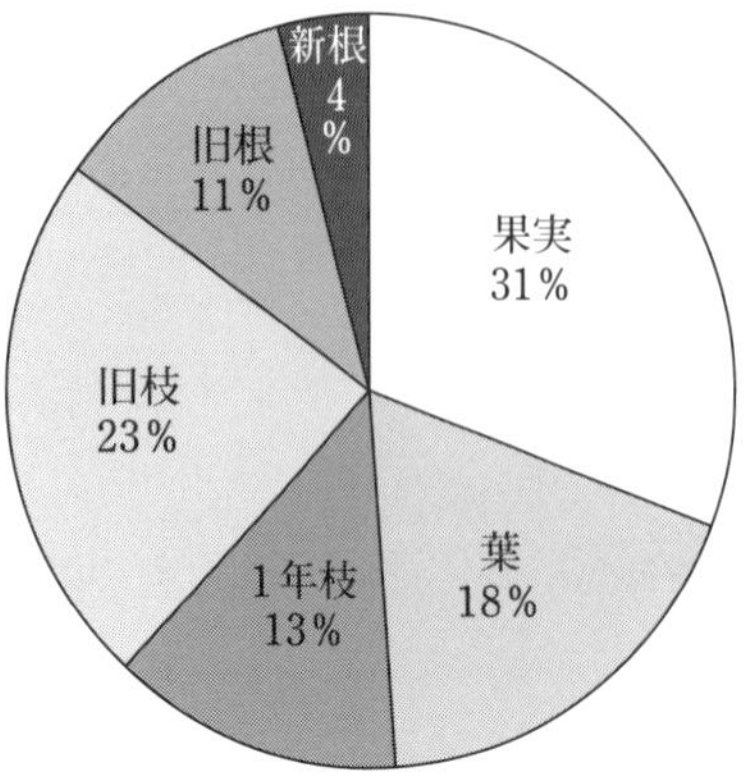

図4－2　落葉果樹の純生産量の器官別分配率（平均値）

3　果実への分配率

次に、果実への分配率についてみていきたい。図4—2は、約70の調査データを平均した器官別分配率である。果実への分配が最も多く、31％であった。だが、個々の数値をみると、最低は0％で、最高73・5％までの幅があった。島根農試で収量を意識して行なった調査データでも、13・6％から49・5％の幅があった。

このように、果実分配率にもかなりの幅がある。このことは、純生産量と同様に、分配率も高めることができるのだということを理解していただければよい。

4　果実への分配期間

次に、果実への分配期間について考えてみたい。われわれが、分配率としてみるのは結果論としての場合が多い。だが、物質の果実への分配は一挙に行なわれるのではない。

果実は花芽分化してから収穫されるまで、一時のよどみもなく物質が分配され増えつづけているわけで、生理的にはこの期間が果実への分配期間である。だが、前述したように量的には、発芽期または開花期から収穫期までが重要ではないかと考えられる。着果管理の多くはその期間に行なわれるからでもある。

それぞれの果樹には多くの品種があり、収量には明らかなちがいがある。早生品種は少なく晩生品種ほど多い傾向にある。晩生ほど物質の分配期間が長いので、それだけ果実に分配される物質量が多くなるためである。

したがって、適正収量の検討には開花期から成熟期までの期間を考慮しなければならない。ただし、ウメの開花期は年較差が非常に大きいので、葉の出る時期を分配期間の始まりとしたい。

5　果実乾物率

(1) 果実乾物率と糖度は同じ？——モモ型果実と柑橘類での疑問

収量が開花期から収穫期までの期間に規定されるのはまちがいないが、それだけで決まるだろうか。この期間に分配されるのは物質としての果実、すなわち乾物としての果実である。しかし、第3章4項でくわしく述べたように、果実の乾物率は種類によってかなりちがう。

私は、ブドウ果粒の乾燥はずいぶん行なっており、種なし果粒は糖度と乾物率がほぼ同じであることがわかっている。そのため、『物質生産理論による落葉果樹の高生産技術』（高橋国昭編著、農文協、1998年）では、データが少ないなかでのあせりもあり、全ての果樹について果実乾物率と糖度を同列にして論じた。しかし、気にかかっていたので今回疑問に思えるところを再検討してみた。

一つは、モモ型果樹の種子は大きく、果肉との乾物率がちがうはずだから、全体の乾物率は糖度より高いのではないか。もう一つは、柑橘類は果皮がかなり厚いが、果皮の乾物率について調べていなかったことである。

(2) 果実乾物率調査の問題点と方法

結果を示す前に、果実乾物率調査の問題点について述べておきたい。葉、枝、根などは、細切れにした材料を通風乾燥機にいれ、80℃で2日程度乾燥する。ほぼ定量になったころ、110℃に上げて1時間乾燥したのちの重さを乾燥重としている。ところが果実の場合、幼果は同じような方法で問題はないが熟果はかなりむずかしい。

糖度の高い果実を乾燥させると、はじめは急激に乾燥するが、飴状になったころから乾燥しにくくなり、長時間乾燥すると100度以下でも炭化することがある。今回の調査でも、ミカン類やスモモなどを80℃で3日以上も乾燥すると、炭化して乾果が苦くなることがわかった。ということで、ミカン類やモモなどでも糖分の高い果肉は乾燥しきったかどうかのみきわめがむずかしい。

そこで、80℃で2日ほど乾燥した後、85〜90℃で1時間乾燥したものを乾燥重とし、その一部を図4—3、図4—4に示した。

(3) 再調査の結果

図4—3はハウス栽培温州ミカンと甘夏柑である。ハウス栽培温州ミカンは当年産であるが、甘夏柑は前年産で、いずれもスーパーで購入したものである。1果重を測ってから屈折糖度計で糖度を測定し、温州ミカンは果皮と果肉に、甘夏柑は果皮、果肉、種子に分けてそれぞれ乾燥した。

その結果、柑橘類は果皮の比率が高いだけでなく、乾物率も高いことがわかった。

果実乾物率は、ハウス温州ミカンで5%、甘夏柑で6%、糖度より高くなった。

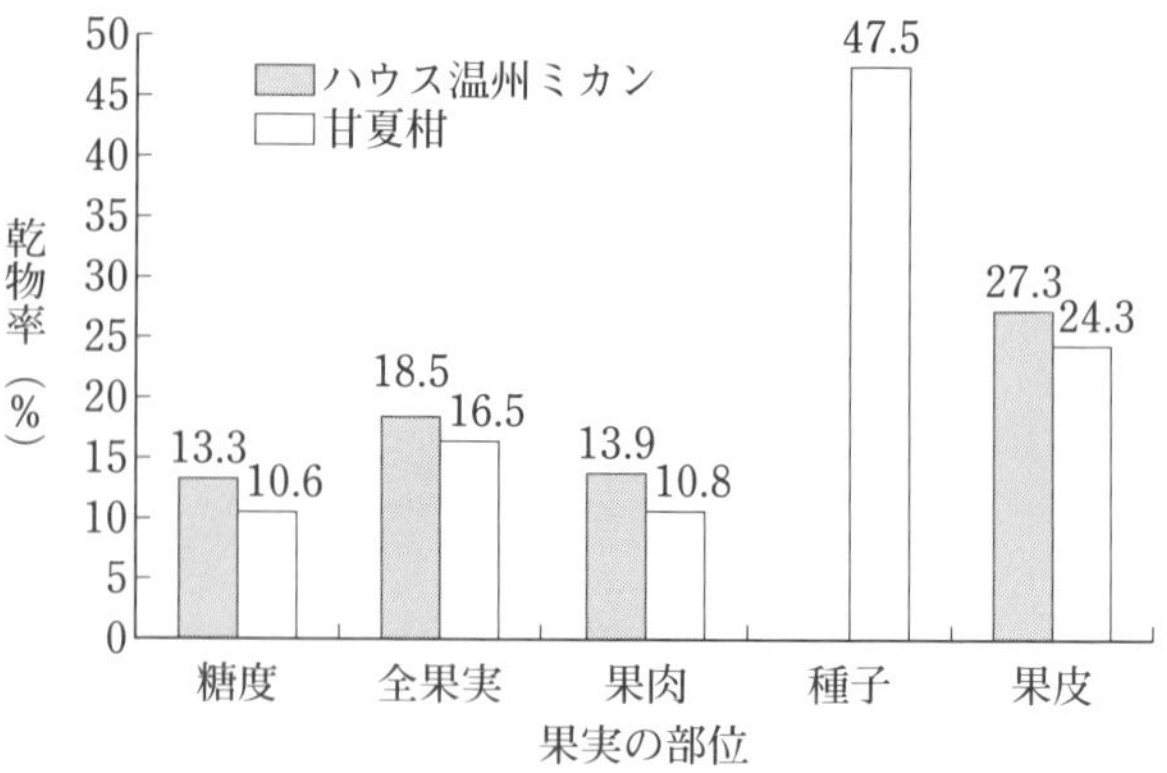

図4−3　ハウス温州ミカンと甘夏柑の糖度と部位別乾物率
（高橋、2015）

図4―4はモモ‘あかつき’の結果である。モモの種子は硬い核で、なかに胚珠がはいっている。核の乾物率は70%近くできわめて高かった。反対に果肉の乾物率は糖度より低い傾向がみられた。そのため、果実乾物率は糖度より1%高い程度であった。

そのほか、ウメの乾物率は‘南高’、‘白加賀’で14～15%、‘甲州小梅’16%だった。

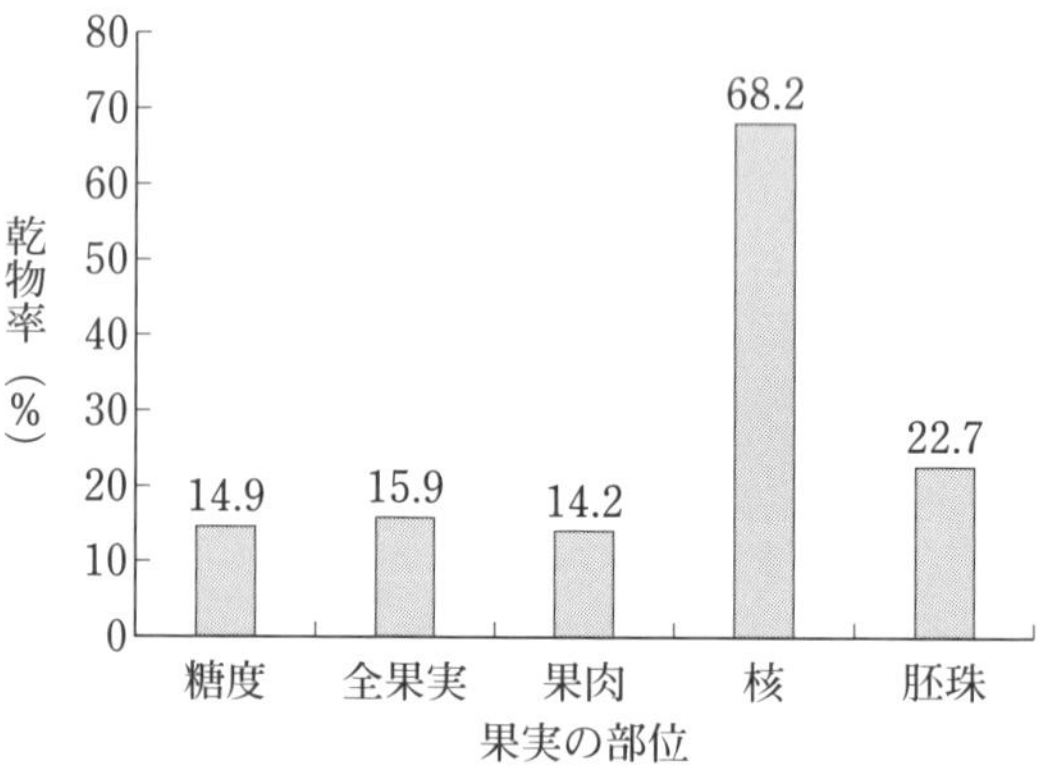

図4−4　モモ‘あかつき’の糖度と果実の部位別乾物率
（高橋、2015）

オウトウは糖度より果実乾物率が2～4%高く、スモモは同じか2%程度高く、リンゴも1%ほど高かった。

このたび調査してみると、同じ品種でも糖度が低くてまずい果実と、高くておいしい果実では、乾物率と糖度の差にもちがいがあるようだ。

また、収穫直後より、収穫後の日数が経って測定した果実のほうが糖度より乾物率が高いようである。果肉のなかには揮発性の物質があり、収穫後日数を経るにしたがい減るように思われた。

果実乾物率についてはもっと研究する必要があると感じた。

(4) 実践的な糖度、乾物率、適正収量の決め方

理論的な収量について計算するときには、以上の研究結果をふまえて基準になる乾物率や糖度を決めるが、これまでの研究データや自分自身の経験なども考慮する。糖度も乾物率も、栽培方法や着果量あるいは天候などによって変化する。また、同じ樹の果実であっても、糖度の幅は数パーセント以上もあるから、品種ごとの糖度や乾物率は明確に決めることはできないためである。

実践的には、まず、これまでの経験や知見で決め、それをもとに適正収量を決めればよい。その結果できた果実の評価は消費者にゆだねることだ。それをくり返しながら、自分の園の適正収量をみきわめることになる。

6 果実分配量について

果実乾物率が決まれば、収量は物質分配量によって計算できる。前著『物質生産理論による落葉果樹の高生産技術』では、果樹の種類がちがっても物質分配は同じと仮定して、ブドウ〝デラウェア〟の開花期から収穫期までの個体群生長速度に換算して適正収量を計算した。

1㎡の葉面積が1日に生産する乾物重を純同化率（NAR）といい、同じく土地面積1㎡当たり1日に生産する乾物重のこと個体群生長速度（CGR）という。

ブドウで行なった研究結果を図4―5に示した。純同化率は発芽から養分転換期まではマイナスで、その後プラスに転じ、開花期から成熟期にかけて大きくなる。そして、収穫が終わると著しく減少した。物質生産量と果実への分配を論ずるには、土地面積当たりの値である個体群生長速度が知りたいが、そういう観点から測定されたデータは島根農試で測定したブドウとナシ以外には見当たらない。

そのデータも数が少なすぎて使えるまでにいたっていない。この問題は今後の課題として先送りさせていただき、前著と同様ブドウの生産力から可能な収量について計算することにした。

ただし、前著では〝デラウェア〟の反収1500kgを基準にしたが、これはあまりにもひかえめであり、本著では2200kg、糖度20%として計算した。糖度12%の果実なら3700kgに相当する。しかも、開花期から成熟期までが80日しかないから、けっこう高い果実生産力と評価できるのではないだろうか。

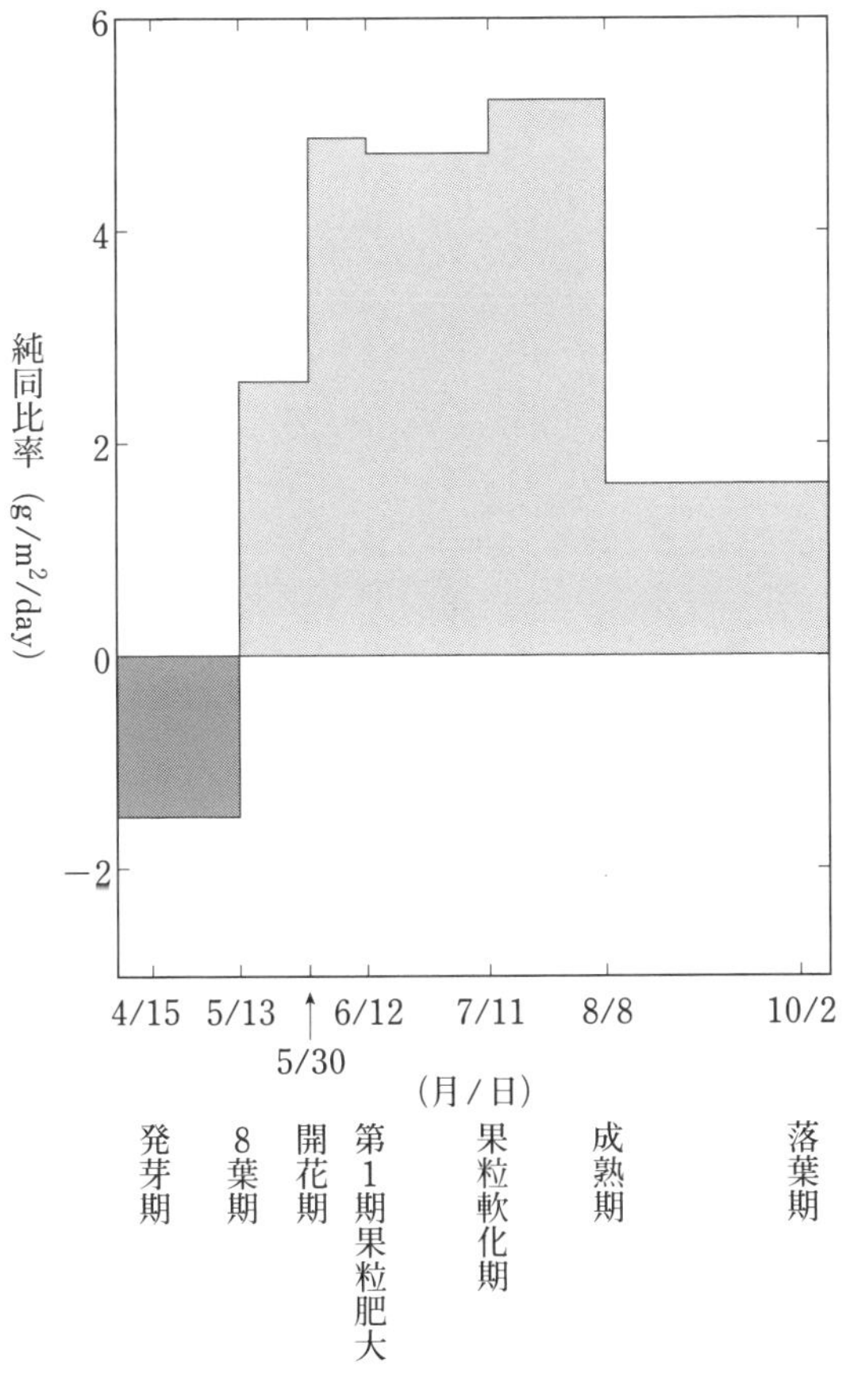

図4−5　露地栽培3年生ブドウ‘デラウェア’の純同化率の季節変化　（高橋、1979）

7 適正収量の仮説

(1) おもな種類と品種の適正収量（仮説）

ブドウと他の種類とでは、物質生産や果実への分配にちがいがあるのは当然であり、それを同じ考えで収量計算するのにはむりがあるのは十分承知しているつもりである。しかし、同じ樹木なのだから、種類のちがいはあるにしても樹木としては同じような法則にしたがっていると考えることができる。小異をすてて大同につくという考え方で、誤りを承知で適正収量の仮説を表4―1に示した。

これを実現できる園は「樹勢は落ち着いていて、発芽は早く、早期に最適葉面積指数で全園が覆われる」ような好適樹相の園で、物質生産量が多く、果実分配率の高い園である。すなわち理想的な果樹園の最高収量と考えるほうが妥当かもしれない。この収量には、病害虫の被害や傷果などで販売できないものが含まれているのは当然である。

また、この値は果樹園全体が最適葉面積指数で覆われている場合であって、葉面積指数がそれより低ければ下げなければならないし、枯死樹などで樹冠に空間があれば減らさなければならない。それについては次章でくわしく述べる。

ところで、柑橘類は常緑果樹なので、落葉果樹とは物質生産の法則はちがうと考えている。この表の値は落葉果樹の考えで計算したもので、柑橘類については参考値としてみていただきたい。

(2) 1日に10a当たり5・5kgの物質を果実に送ると仮定

さて、表4―1の計算方法は次のとおりである。ブドウ〝デラウェア〟の収量を2200kg、糖度を20％とすると、開花期から収穫期までの1日当たりの果実分配量（乾物重）は次のように計算される。

2200kg（10a当たり収量）×0.20（果実乾物率）÷80（開花期から収穫期までの日数）＝5.5kg

最適葉面積指数3の〝デラウェア〟は、平均して1日に10a当たり5・5kgの物質（乾物重）を果実に送りつける。他の果樹も開花期から収穫期まで、これと同じ物質量を送り込むと仮定したわけである。

(3) 適正収量（仮説）の数値は高い ――しかし実現している農家もいる

〝デラウェア〟の1日当たりの果実分配量（乾物重）の数値から、リンゴ〝つがる〟の適正収量を計算すると、次のようになる。

5.5kg（10a当たり1日の果実分配物質量）×123日（開花期から収穫期までの日数）÷0.14（乾物率）＝4832kg（10a当たり適正収量）

こじつけといわれれば反論できないが、現在の研究段階では、これぐらいしか思いうかばない。いずれ新しい人がより正しい

表4－1 ブドウ‘デラウェア’の多収園を基準にした適正収量の仮説 （高橋、2015）

種類	品種名	地域	作型	開花期（月/日）	成熟期（月/日）	果実生長期間（日）	希望糖度（%）	乾物率（%）	理論収量（kg/10a）
柑橘類	宮川早生	愛媛県	露地	5/15	11/10	179	12	15	6563
	南柑4号	愛媛県	露地	5/16	12/5	203	12	16	6978
	河野夏柑	愛媛県	露地	5/10	1/20	255	10	15	9350
リンゴ	秋映	島根県	露地	4/24	9/21	150	15	16	5156
	つがる	青森県	露地	5/20	9/20	123	13	14	4832
	ふじ	青森県	露地	5/10	11/10	184	15	16	6325
ナシ	幸水	埼玉県	露地	4/20	8/20	122	13	14	4793
	二十世紀	鳥取県	露地	4/20	9/15	148	11	12	6783
	あきづき	島根県	露地	4/13	9/23	163	13	14	6404
ブドウ	デラウェア	山梨県	露地	5/25	8/13	80	20	20	2200
	巨峰	山梨県	露地	6/3	9/3	92	18	19	2663
	シャインマスカット	島根県	雨よけ	5/30	9/12	105	20	20	2888
カキ	刀根早生	島根県	露地	5/22	9/15	116	15	17	3753
	富有	島根県	露地	6/4	11/16	165	16	18	5042
	西条	島根県	露地	6/3	10/15	134	20	22	3350
キウイ	ヘイワード	愛媛県	露地	5/20	11/1	165	15	20	4538
モモ	日川白鳳	島根県	雨よけ	4/5	7/4	88	12	13	3723
	あかつき	島根県	雨よけ	4/3	7/24	112	13	14	4400
	川中島白桃	島根県	雨よけ	4/5	8/12	129	14	15	4730
スモモ	大石早生	山梨県	雨よけ	4/3	7/5	93	14	16	3197
	ソルダム	山梨県	雨よけ	4/3	8/3	122	16[2)]	18	3728
	スタンレー	島根県	雨よけ	4/18	10/5	170	18	20	4675
オウトウ	佐藤錦	山形県	雨よけ	5/5	6/17	43	20	23	1028
	ナポレオン	山形県	雨よけ	5/3	6/30	58	20	23	1387
ウメ	甲州小梅	徳島県	露地	4/1	6/1	61	16[2)]	16	2097
	南高	和歌山県	露地	4/1	6/22	82	15[2)]	15	3007

注）1. 開花期から成熟期までの日数、糖度などは、農林水産省統計情報部、果樹生育ステージ総覧；新編、原色果物図説、島根県農業技術センター果樹試験成績書、JA雲南果樹技術指導センター資料などを参照
2. ウメとソルダムの糖度とウメの乾物率は、2015年の調査結果

理論をつくりだしてくれるだろう。そのたたき台だと考えていただきたい。

理論収量の数値をみられたら、多くの人が疑問をもたれてもむりはない。実際これだけの反収をあげる農家はまれだからだ。しかし、農業雑誌などには、事例が載ることがあるし、同じような収量をあげている園は実在する。

『農業技術大系果樹編』（農文協）の「精農家の栽培技術」の事例のなかで最高の反収は次のとおりだ。温州ミカン〝宮川早生〟7t、〝普通温州〟7t、リンゴ〝つがる〟6t、〝ふじ〟7t、ブドウ〝キャンベル・アーリー〟3・2t、〝ピオーネ〟1・7t、ナシ〝幸水〟6t、〝二十世紀〟6t、〝あきづき〟4t、モモ〝白鳳〟3t、〝川中島白桃〟6t、スモモ〝ソルダム〟3t、オウトウ〝佐藤錦〟2t、キウイ〝ヘイワード〟3t、カキ〝平核無〟2・6tなどである。

このように、精農家は、表4—1と同じか、それより多くとっておられる。もちろん、なぜそれだけとれるのかについて、科学的に説明されてはいない。

表4－2　多収ブドウ園の実態調査結果　　（高橋ら、1998）

場所	園主	品種	樹齢	調査樹数	樹冠専有面積 (m^2)	平均新梢長 (cm)	新梢数 (本/10a)	葉面積指数	1房重 (g)	1粒重 (g)	糖度 (%)	遊離酸含量 (g/100ml)	果実収量 (kg/10a)	調査年
島根県	高橋千市	デラウェア	17	4	93.2	58.9	32200	3.16	145	1.58	19.3	0.62	2444	1978
			18	4	93.2	53.8	31600	3.05	181	1.75	19.3	0.60	2347	1979
			19	4	93.2	61.4	26400	3.13	183	1.73	17.0	0.51	2112	1980
山梨県	土屋長男	甲州	28	2	391.0	58.7	10850	1.62	388.3	4.70	16.3	0.47	3015	1982
			30	1	420.7	55.7	12820	1.68	392	5.00	16.5	0.65	3097	1984
		ピオーネ	16	3	301.9	47.3	14700	1.65	395.5	17.00	16.7	0.83	2420	1986
岡山県	大内　稔	アレキ	8	7	171.0	113.3	3780	1.09	547.5	10.90	16.9	0.46	1635	1984
平均			20.5	3.3	321.2	68.8	10538	1.51	430.8	9.40	16.6	0.60	2542	

私は、この理論を公表してから30年近く、毎年、実際に栽培して確認してきている。そこで、この考えを公表する決め手になったブドウ農家の例と、島根農試の例などを紹介したい。

8　ブドウ多収園の例

(1) 島根県‘デラウェア’園

まず、実際に調査したわが国の多収ブドウ園を紹介したい。表4—2がそれである。

‘デラウェア’は、私の父がつくっていた25ａの露地園で、高生産理論を実証するために栽培したものである。いずれも無芽かき栽培であったから、3分の2近くはカラ枝にした。

1980年は、冷夏長雨の年で、8月の晴天日は2日間だけだった。そういう天候でも反収は2000kgを超えていた。棚面に空きがない状態の樹を4本供試して行なった実験では10ａ当たりに換算した収量は、3ｔを超えていた。

図4—6は1980年8月20日の13時に写した樹冠である。これが、葉面積指数3を少し超えている状態である。

この園の特徴は、平均新梢長が50～60㎝と短く、10ａ当たりの新梢数が2万6千～3万2千本と多いことである。

(2) 山梨県‘ピオーネ’‘甲州’園

このデータだけでは不十分と考えて、全国でも優秀といわれる農家をさがして調査させていただいた。一つは、戦後、日本のブドウ栽培技術を確立された山梨県の土屋長男先生の、‘ピオーネ’と‘甲州’園である。

反収は‘ピオーネ’が2420kgで、‘甲州’は約3000kgであった。調査樹数は少ないが、10ａ当たりの栽植本数は2・5～3本だったから、調査面積はかなり広かった。

先生は、私の考えにたいへん興味を示され、快く調査を許していただいたうえに、貴重な意見をお聞きすることができて幸せだった。

ピオーネ園の樹冠のようすは図4―7のとおりで、8月23日の12時撮影である。さきほどの‘デラウェア’にくらべると樹冠は明るく、葉面積指数は1・65と計算された。平均新梢長は47・3㎝と短く、10a当たりの本数は約1万5千本だった。

果実品質は、果粒肥大、糖度ともに優れていたが、着色はやや淡かった。

葉面積指数を2以上に高めることができれば、果色は優れたであろうと推察してご意見申し上げたら、さっそく翌年には対応された。偉大な人は謙虚だと尊敬の念を深くしたものである。

‘甲州’も新梢長や密度は‘ピオーネ’とほぼ同じであった。収穫期が遅いため3000kgの果実品質は優れていた。‘甲州’は直光着色品種なので、単純に葉面積指数を高めることはできないが、どこまで高められるかに興味をもったことを記憶している。

(3) 岡山県‘マスカット・オブ・アレキサンドリア’園

最後は、岡山県の大内稔氏の‘マスカット・オブ・アレキサンドリア’で、地中熱交換方式による加温栽培であった。棚は平

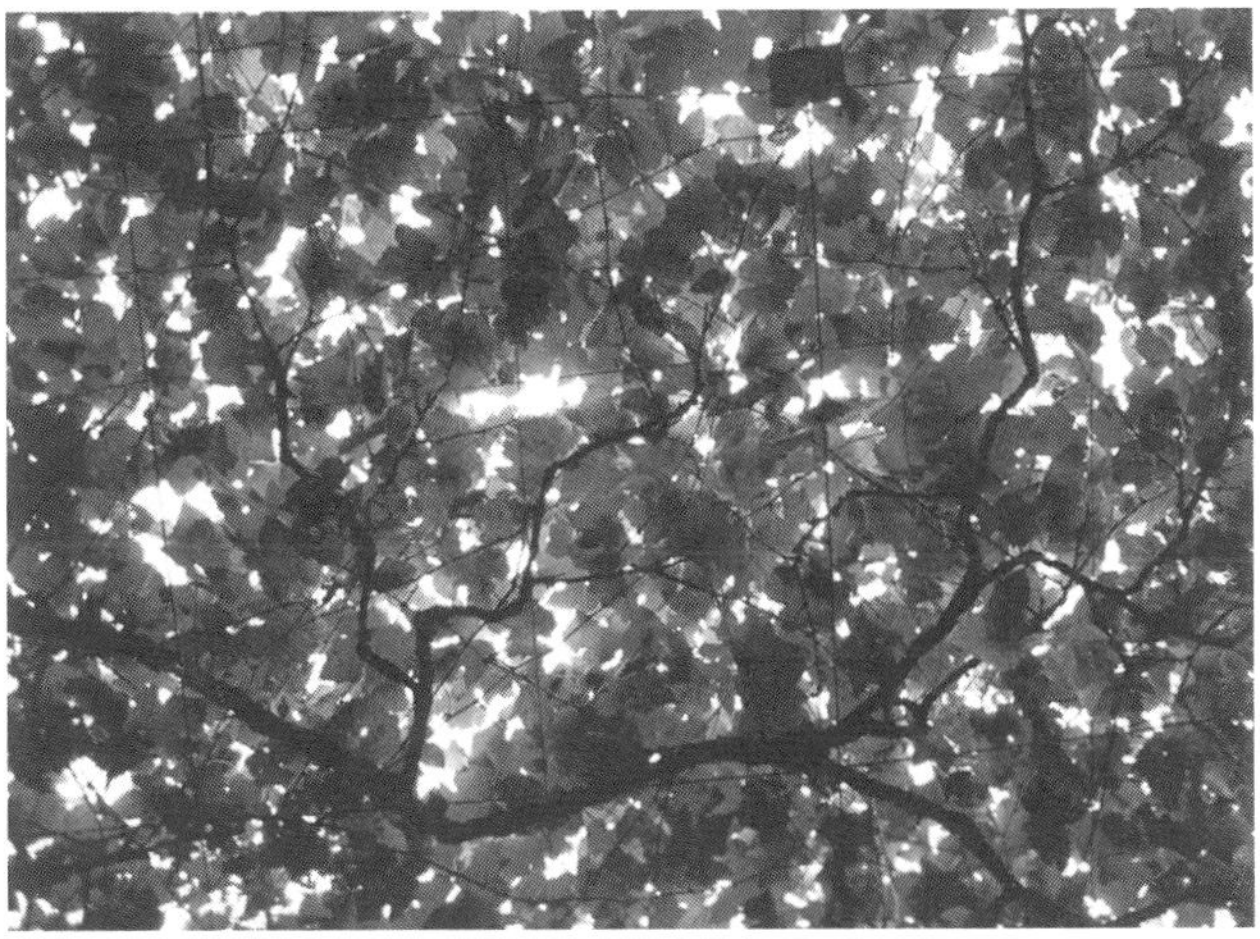

図4－6　島根県高橋園ブドウ‘デラウェア’の樹冠
(1980/8/20　13時撮影)

図4－7　山梨県土屋園ブドウ‘ピオーネ’の樹冠
(1986/8/23　12時撮影)

図4－8　岡山県大内園ブドウ‘マスカット・オブ・アレキサンドリア’の樹冠
(1984/4/15撮影)

棚で、根域制限栽培をされていた。大内氏は私の考えに興味を示され、新梢生長を落ち着かせて、早期展葉、早期停止を心がけておられた。

図4―8は7月15日の樹冠である。整枝はダブルH型の短梢せん定で、平均新梢長は113・3㎝であった。この長さは、岡山県の常識ではかなり短く、葉面積指数は1・51と低かった。それなのに、収量は1800kg、糖度は18%と高く、岡山県の〝マスカット・オブ・アレキサンドリア〟の単価ではトップクラスを保持しつづけておられた。これは、新梢の強さが1回の摘心で全て止まるため、果実分配率が高まったためと考えられる。

なお、調査時点では果実糖度や肥大は、成熟前のためやや低くなっている。

これらの調査結果は、いずれも私の考えを実証していると考えられた。

9 島根農試での高生産実験の例

(1) ブドウ以外の果樹にも適応できるか

ブドウの研究から考えついた物質生産理論は、ブドウ園での実証試験や他県の優秀なブドウ農家の園での調査結果からも、正しいように思われた。

そして、葉面積指数と物質生産量の比例関係、新梢長と果実分配率との反比例関係は、ブドウ以外の果樹にも適用できると考えるようになった。

そのために、島根農試の果樹園で実証試験を行なった。

(2) 全て波状棚仕立てで栽培

全て波状《はじょう》棚仕立てである。波状棚仕立てについては、第6章でくわしく述べるが、なぜ実証試験をこの整枝法で行なったかについて、簡単に述べておきたい。

私が、ブドウの収量が低いのは、開花期から収穫期までの期間が短いことと、果実の糖度が高いからであり、物質生産からすれば棚仕立ては優れた仕立て方だと提唱したころで、それを実証したい欲求に駆られたからである。

また、物質生産理論のポイントは、適正な長さで新梢の生長を落ち着かせることにある。そのためには、新梢を水平近くに誘引する必要があり、棚栽培はそれに適しているからであった。一般には、「Y字形（波状）」に興味を示す人が多いようだが、むしろ「棚」のほうに主眼があるのである。

(3) いずれの樹種も葉面積指数3以上で多収に

それらの結果を表4―3に示した。いずれの果樹でも、通常の収量より明らかに多い。10a収量は、モモ〝白桃〟3146kg、リンゴ〝ふじ〟6495kg、ナシ〝二十世紀〟6104kg、カキ〝西条〟3390kgである。

表4−3　島根農試での多収園の落葉果樹の新梢長、葉面積指数、収量など　（島根農試、1989〜1995）

種類	品種	1樹当たり 平均新梢長（cm）	1樹当たり 本数	10a当たり 栽植本数	10a当たり 総新梢長（m）	葉面積指数	収量（kg/10a）	備考	調査年
モモ	白桃	24.1	1947	35	16423	3.38	3146	Y字形棚仕立て	1994
リンゴ	ふじ	14.0	1380	142	27434	3.93	6945	Y字形棚仕立て	1993
ナシ	二十世紀	51.1	633	25	8088	3.21	6104	平棚改良せん定	1989〜1995
カキ	西条	14.3	1268	24	4352	3.60	3390	Y字形棚仕立て	1994

そして、いずれも葉面積指数は3以上で、最も高かったのは'ふじ'の3・93である。

しかも、平均新梢長が短く、密度が高い。新梢長では、'ふじ'が14cmと最も短く、'二十世紀'が51・1cmと最も長かったが、これまでの栽培ではみられないほど短い。

平均値の計算には数センチメートルに満たないような短果枝が含まれていることを、忘れないでいただきたい。

密度も、10a当たり最も少ない'西条'で4352本、最も多い'ふじ'で2万7434本である。カキが少ないのは、新梢の長さ当たりの葉面積が大きいためである。

10　JA雲南果樹技術指導センター

JA雲南果樹技術指導センターは、島根県の雲南農業組合連合会（現・JA島根雲南地区本部）が果樹振興の拠点にするため、2006年春に建設された。約2haの開墾地に、両屋根型単棟ハウスを1haつくり、ブドウの一文字整枝に似た波状棚仕立てで、オウトウ、モモ、スモモ、プルーンを栽培した。2013年の樹齢は8年生である。

(1) 当初から物質生産理論にもとづいて栽培

表4―4に、銅欠乏症が比較的軽かったモモとスモモの10a当たり収量の実績を示した。研究機関ではないが、収量は病虫害果などを除き記録されている。また、ほぼ全ての果実は非破壊糖度計で、糖度と重さを測定している。

この施設では、当初から物質生産理論にもとづいて栽培した。ところが、2年目まではほぼ順調に生長したが、3年目に銅欠乏が発生し、新梢の生長停止や味なし果の発生などがひどく、その解決に数年を要した。

表4−4　ハウスY字形（波状）棚仕立て8年生モモとスモモの収量（虫害、傷果は除外）
（JA雲南果樹技術指導センター、2013）

種類	品種	収量（kg/10a）
モモ	日川白鳳	2643
	大玉白鳳	2221
	紅清水	2544
	あかつき	2563
	麗鳳	2770
	長沢白鳳	3557
	清水白桃	2522
	川中島白桃	2854
	あぶくま	2967
スモモ	大石早生	2659
	ハニーハート	2110

(2) 高い品質、収量を達成

モモは、最低が2221kg、最高は〝長沢白鳳〟の3557kgと多かった。スモモは〝大石早生〟は2659kg、糖度の高い〝ハニーハート〟でも2110kgである。品質は全て良好であった。

栽培者は全て果樹栽培がはじめてであったが、技能の習得は早く、銅欠乏さえなければ早期に優秀な園になったのはまちがいない。正常に生育した品種では、品質優秀で収量も多かった。

一定の品質を備えたものだけを販売するという戦略にもよるが、果物がこんなにおいしいものだとははじめて知ったと、多くの人から賞賛されるほどになっている。

その後、果樹農家に貸し出され「ココロノファーム」となって、果樹栽培中心に運営されている。

以上のように、物質生産理論による適正収量の表値は、実際の栽培でも達成できることがわかった。ぜひ多くの人に取り入れられ、儲かる果樹経営になることを期待したい。

第5章　適正収量の決め方

この章では、適正着果量にするためのやり方について、具体例をあげて述べてみたい。

1　適正収量の計算の手順

(1) 開花期から収穫までの日数を知る

まず、栽培品種の適正収量を計算しておく。そのためには、品種の開花期から収穫までの日数、1果重と糖度を知る必要がある。

開花期から収穫期までの日数は、記録している日誌から計算すればよい。

年によって変動するがおおよその日数でよい。何年か記録がたまれば、その平均日数を使えばよい。

(2) 1果重と糖度を知る

高品質多収を科学的にめざすわけだから、目的とする品種の1果平均重や糖度は自分で測るのがすじだと思う。屈折糖度計は1万円くらいで販売されているし、0・1gまで測れる電子天秤は、数千円で売られている。

私は、重さも測れる非破壊糖度計で、全果実を測定している。いずれ、全ての果実は糖度表示があたりまえになってくるだろう。消費者に満足してもらう果実を提供しようとするなら、それくらいのことは常識にすべきではないだろうか。

とりあえず、なんとか知りたいときには、1果重と糖度は、共同出荷なら選果場のデータに記録されているので、それを用いればよいだろう。

それがない場合には、品種特有の平均的な1果重は指導書やカタログなどに載っている数値を使えばよい。自分なりの目標があれば、それらの数値よりやや大きくしてもよい。

糖度も指導書やカタログの値を使っても

よいし、自分で食べてみて満足いく値にするなど、自分で決めればよい。ようは、消費者のニーズを考えて、食べてよろこばれることを前提にして決めることだ。

(3) 適正収量を計算する

それでは、実際の計算にはいろう。第4章7―(3)項に示した計算式「5.5kg（10a当たり1日の果実分配物質量）×123日（'つがる'の開花期から収穫期までの日数）÷0.14（乾物率）＝4832kg（10a当たり適正収量）」から計算する。

かりに品種の名を「日本一」とし、開花期から収穫期までの日数を100日、1果重300g、糖度15%とする。モモ型果樹を想定して乾物率は17%とした。これをそれぞれの項にあてはめる。

5.5kg×100日÷0.17＝3235kgとなる。これが、品種「日本一」の最適葉面積指数における適正収量である。

もし「宇宙一」という品種が、それぞれ200日、350g、13%（乾物率15%）とすれば、5.5×200÷0.15＝7333kgが10a当たりの適正収量になる。

この値は、果樹園が最適葉面積指数で覆われていることが前提であることはいうまでもない。

2 適正着果数の判断と計算のやり方

(1) 適正着果数を計算する

適正着果量には、なりすぎた果実を間引くことによってする。間引く量は、果実の数で判断することになる。

したがって、「日本一」を適正な着果量にするためには、4832kgの収量は何個の果実に相当するかを知る必要がある。収量を果重（300g）で割ればわかることで、4832kg÷0.3kg＝16107個になる。同じように「宇宙一」は2万952個になる。これを頭にいれて、摘果するのである。

(2) 実際の適正着果数の判断方法

しかし、10a当たり1万6千個とか2万1千個だとわかっても、実際になっている数をどうして判断するのかとなると、やっかいである。

図5―1は棚仕立ての6年生モモ'白川白鳳'の成熟直前の樹冠である。樹冠は平面的であり、しかもハウスであるから、主

図5－1　6年生モモ'白川白鳳'の樹冠
（2010/7/7 撮影）

柱で囲まれた四角形の面積はわかる。主柱は縦列3・5m、横列3・6mの間隔なので、面積は12・6㎡である。

(3) 糖度と1果重から適正着果数を計算する

JA雲南果樹技術指導センターの〝日川白鳳〟の生育は、開花期が4月5日、収穫期は7月4日だった。この写真の面積はほぼ12・6㎡であり、果実は約100個数えられた。

適正着果数は、成熟日数を88日、乾物率を13%（糖度12%）で計算すると、5.5kg×88日÷0.13×0.0126＝46.9kgで、一枠当たり46・9kgの収量で1果重250gとすると約190個になる。この目標を達成する葉面積指数は3であるが、実際は2・5程度だったから、160個が適正値だったと判断される。結果からすれば落としすぎだった。

(4) 着果数が少ないと補償力が働く

若木のため新梢《しんしょう》の生長が旺盛で適正樹相になっていないが、着果数100個は少なすぎたといえよう。実際の果実生産力より着果数を減らすと、1個の果実が大きくなるので収量は計算どおりには減らない。補償力が働くのではないだろうか。

かりに、範囲の樹冠が100%うまり、葉面積指数が3になるとして、この範囲に残す果数は、「日本一」なら約200個、「宇宙一」は約260個になる。12・6㎡のなかに、この数字の数だけ果実を残せばよいということになる。

だが、棚栽培なら、果樹園全面が樹冠で覆われるのはあたりまえであるが、立木仕立ての果樹園ではそうはいかない。また、棚栽培でも幼木や若木では、空きがある。そのようなときには、どうすればよいのだろうか。それについて次の項で述べる。

3 樹冠に空きがある場合の計算方法——葉面積指数と占有率を計算する

樹冠に空きがある場合について述べる。図5—2、図5—3は、6年生モモ〝日川白鳳〟の5月20日の樹冠で、果実はウメくらいになり摘果の最盛期である。

この場合は、棚面の枠単位で樹冠被覆率を判断して適正着果数を計算する。

(1) 樹冠被覆率がほぼ100%の枠の場合

図5—2の樹は、棚面1枠の樹冠被覆率がほぼ90%とみてよい。したがって、成熟日数88日、乾物率13%（糖度12%）、1果重250gとすれば、〝日川白鳳〟の10a当たり適正着果数は1万4892個になる。

図5－2　6年生モモ‘白川白鳳’の樹冠占有面積率85～90%の樹冠　(2010/5/20撮影)

適正着果量は1果重200g、糖度12%として1m²に124個

図5－3　樹冠占有面積率を上側80%、下側60%と判断した6年生モモ‘白川白鳳’の樹冠　(2010/5/20撮影)

10aはほぼ1000㎡だから、棚面1㎡当たり約15個×0・9で、10㎡なら130個残せばよいことになる。

(2) 樹冠被覆率が100%以下の枠の場合

図5―3では、上側の樹冠占有面積率を80%、下側は60%とみなした。そうすると、それらの樹冠がしめる枠内の着果数は、8掛けと6掛けになるから、10㎡当たりにすれば、120個と90個になる。したがって、その枠に結実している果実をその数だけ残して摘果するのである。

実際の摘果のしかたは、それぞれやり方があるが、JA雲南果樹技術指導センターで行なった方法については次の項で述べる。

4 着果数の数え方と摘果のやり方

(1) 数取り器で数えて判断

図5—4は波状《はじょう》棚仕立てのモモ‘あかつき’の例である。この例は前著『物質生産《ぶっしつせいさん》理論による落葉果樹の高生産技術』の適正収量表を利用しているので、‘あかつき’の成熟日数が106日、糖度（乾物率）14％、樹冠占有面積率50〜60％で計算してある。

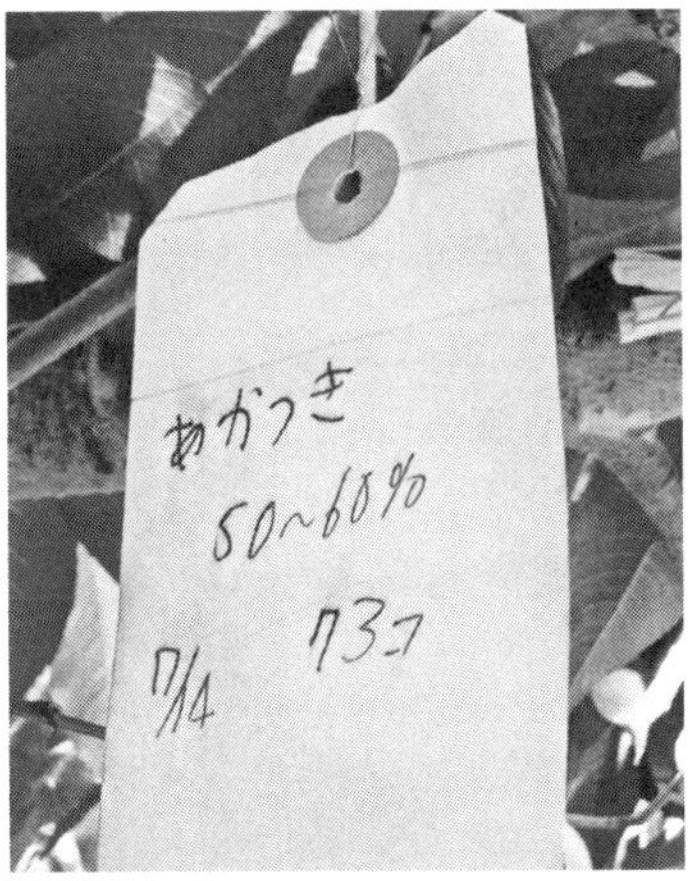

図5—4 モモ‘あかつき’の着果調節を終えたのを記録した荷札

その結果、枠内にある樹冠に73個つければよいことになり、7月14日に摘果し、数取り器で数えて確認して荷札に書き込んである。

このように、樹冠面積や被覆率がわかり、支柱などで囲まれているような環境では、荷札に数値を書き込んでおくと作業のときに役立つ。

(2) 代表的な枠を決めて数え それを目安に摘果

それはそうだろうが、全部数えたらたいへんな労力が必要ではないかと思われるだろう。このハウスは10a当たり12・6㎡の枠が約80（1000㎡±12.6）枠ある。この全てをいちいち数取り器で数えたらたいへんなことだ。

したがって、樹冠のうまりぐあいをみて、完全にうまっているもの、80％くらいのものなど代表的なところを2〜3カ所選んで数え、荷札に記録するのである。

そして、その枠に残っている果実の状態を目に焼きつけておく。その感覚で同じような樹冠のところの摘果をするわけである。

このように書くと、すごくめんどうに思われるかもしれないが、何回かやるといちいち数えなくても、適正値に近い摘果をすることができるようになる。すなわち、着果制限技能が身についたというわけである。

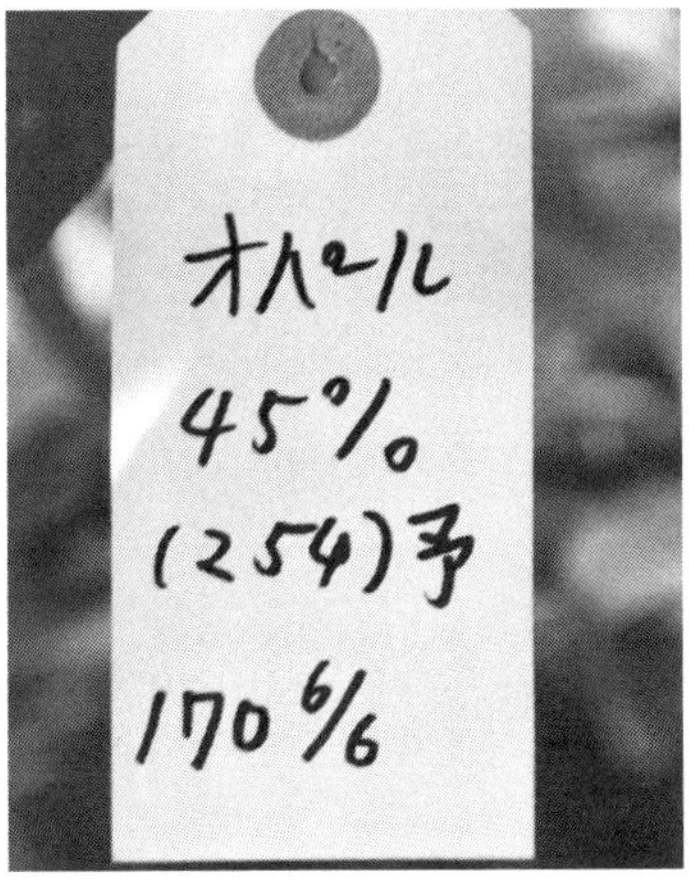

図5—5 プルーン‘オパール’の予備摘果と、最終摘果を記した荷札

(3) 数の把握がむずかしい果樹は粗摘果も記録

図5—5は、プルーン‘オパール’の摘果の例であるが、「（254）予」とあるのは、早い時点で粗摘果したときの数を記録したものである。

果実が小さいときには、葉陰にかくれやすく数の把握もむずかしい。そのときには、手早く粗摘果することが必要である。

そして、最終摘果ができるようになって、素早く数を決めるわけである。その数が「170　6／6」（6月6日に170個に摘果）の記録なのだ。

やはり技能が必要かといわれるかもしれないが、適正着果数がわかったのだから、それがわからなかったころにくらべれば、はるかに正確で安定した作柄になる。

それを考えれば、決して「労多くして……」とはならない。挑戦してみる価値はあるのではないだろうか。

5　袋かけによる摘果のやり方

(1) 問題は摘果忘れの果実

いくら棚仕立ての果樹でも、幼果のときに数を制限するのはむずかしい。それは、果実が小さいことと、果色が緑で葉や茎と区別しにくいからである。

十分摘果したつもりでも多く残る。ましてや、物質生産理論による栽培では葉面積指数が高いため、葉にかくれる果実が多いので、よけいにやっかいである。明らかに摘果忘れだとわかったら、ただちに摘果すべきである。

図5−6　かけやすいところから袋をかけていく
袋の数で適正着果量にする

図5−7　3mm目ネットで覆うリンゴの二重棚栽培

(2) 正確をきすには袋かけ――私のリンゴ園の例

① 私のリンゴ園の概要

摘果忘れを防ぐため、私が栽培しているリンゴの例をあげてみたい。それは、袋をかけるということである（図5―6）。袋をかけてそれ以外の果実を間引くことは容易である。

これほど着果制限が正確に、しかも早くできる方法はないと思う。ただし、袋かけの手間がかかるのが最大の欠点である。

図5―7は、島根県安来市の私のリンゴ園である。面積は563㎡のブドウ棚を利用して、'ふじ'と'つがる'をほぼ2対1の割合で植付けた。マルバ台の'ふじ'10本、'つがる'5本で、そのほかM9中間台の'ふじ'と'つがる'がそれぞれ4本である。

ブドウ棚の周囲と棚上50㎝には、図5―7のように、ラッセル網で3㎜目の白いネットを被覆している。そのため、シンクイムシなど網目以上の大きさの害虫は、防除の必要がない。それ以外にも、風害、鳥獣害も防ぐことができ、生産は安定している。

表5－1　リンゴ袋かけ数と推定収量

（高橋果樹研究所、ネット棚栽培、面積563m²）

西暦	樹齢	つがる	ふじ	合計	推定収量 (kg/10a)
2010	7	1964	5559	7523	4676.8
2011	8	2258	5495	7753	4819.8
2012	9	2666	5866	8532	5304.1
2013	10	2625	7477	10102	6280.1
2014	11	2360	6750	9110	5663.4

②過去5年間の袋かけ数

2014年には樹齢が11年になった。表5―1は、過去5年間の袋かけ数である。

これまで島根県農業試験場で行なってきた実験結果から、棚仕立て'ふじ'の適正収量は、10a当たり6000kg以上だということがわかっていたので、樹冠面積から適正収量を計算し、栽植本数から1本当たりの着果数を決めている。

11年生の時点で、樹冠占有面積率は90%なので、100%になれば1割増しとなる。栽培面積が563㎡なので、樹冠面積10aに換算すると袋数は約2倍になる。

③実際の摘果と袋かけのやり方

●摘果はやりやすいところから

実際の摘果は、開花後1週間くらいして結実がはっきりしたら粗摘果を急ぐ。素人でもわかるように、果そうが連なって密なところでは、3果そうのうち2果そうは全部摘果する。そのほかは頂果だけ残して他は摘果する。

それも、園の片方からていねいにやるのではなく、やりやすいところを優先して、短時日で全園を終えるようにする。片方からていねいにやると、終わったころには、始めた場所と終わった場所では果実の大きさに差が出すぎる。

その差を小さくするためには、短時日に全園が終わるようなやり方がよい。これは、他の作業にもいえることである。

●袋かけの手順

袋がかけやすいところの粗摘果が終わったら、計算していた1樹当たりの袋数を書いた荷札を各樹につけておく。そして、きりのよい枚数の袋を幹の近くに置く。

適正袋数が570枚なら600枚とかで

ある。30枚を残せば適正数の袋がかかったことがわかる。

袋は、樹冠全体にまんべんなくかかるよう、気をつけながらかけることが大切である。かけ終わったら、裸果は全て摘果するわけである。

④品質と収量

収穫果は全て非破壊糖度計で、糖度と重さを測定しているので、おおよその品質や1果重はわかる。

10a当たり収量は、糖度14％以上の果実が70％程度で、1果重は300g以上が70％くらいなので、それから推定した。ただし、'つがる'が3分の1あるので、'ふじ'だけで計算すれば収量はもっと多くなる（表5―1）。

これが、私が実施している適正着果制限のやり方である。

以上で、物質生産理論の内容と実践の解説は終わる。だが、これを実行するには、立木仕立てではむずかしい。私は、世界の果樹は全て棚仕立てにすべきだと思っているが、その理由について、第6章で述べたい。

6　立木仕立てでの計算方法と摘果

以上述べた適正着果量の方法は、立木仕立てに適用するには少々めんどうである。しかし、現在のところ立木仕立てのほうが多いのだから、なんらかのアドバイスは必要だろう。

考え方は同じであるが、果樹園の生産力、すなわち、葉面積指数、平均新梢長、新梢の密度などを判断することがむずかしいところに問題がある。

かりに、果樹園全体がほぼ樹冠で覆われており、新梢が7月上旬ごろまでに止まり、最適葉面積指数に近い状態だと判断されたとする。その適正着果量は表4―1の90％くらいにすればよいだろう。立木の場合は、どうしても新梢の茎、旧枝《きゅうし》や旧根《きゅうこん》への物質の分配が多くなるからである。

あとは、果樹園の樹冠被覆率、新梢の停止期、葉面積指数などをよく観察して判断する。それを最適状態の何パーセントになるかを決めて、表4―1の数値をもとに計算することになる。

さらに、毎年生育状態や果実品質、収量を記録し、着果量が適正だったのか、多すぎたのか少なかったのかなどを十分検討する以外にないだろう。

第6章　物質生産理論は棚栽培で生きる

この章では、物質生産の理論どおりに管理するためには棚づくりが有利であることについて、栽培管理面と経済的な面から述べる。

1　なぜ棚栽培なのか

(1) 物質生産理論は棚栽培で確立した

私が物質生産《ぶっしつせいさん》理論に気づいたのは、ブドウの適正収量に関する研究を論文にまとめる過程であった。ブドウの収量が低いのは受光態勢の悪い棚づくりだからという常識を、物質生産の研究で打ち破ったことが大きなきっかけとなった。今になって思えば、研究対象が棚栽培のブドウだったからできた発想ではなかったかと思っている。その意味からも、まず、栽培面の優位性から説明したい。

(2) 理論どおりに管理ができる

①ねん枝と誘引による樹勢管理がしやすい

物質生産理論を実際の栽培管理に適用するとき、最も大切なことは物質生産工場ともいうべき葉がついた新梢《しんしょう》を、できるだけ早く園全体に配置し、最適葉面積指数に達したところに生長が停止するか、人為的に抑制することにつきる。

それには、果樹園を適正樹相の樹冠でうめつくすのが理想であるが、実際の栽培場面では、理想的な樹相になるのはむしろまれである。そのために、樹勢が強く新梢の伸びが旺盛であれば抑制し、弱ければ促進するようにしなければならない。

その具体的な作業には、せん定の強さ加減をベースに、芽かき、徒長枝抜き、ねん枝、誘引、夏季せん定、環状剥皮《かんじょうはくひ》などがある。これらは、立木仕立てでも棚仕立てでもそんなにかわらない。

最も新梢の生長制御に効果があるのは、ねん枝と誘引であるが、ねん枝しても勢いのある新梢は、数日で元にもどってしまう。

したがって、ねん枝の効果を確実にするには、ねん枝した新梢を固定する必要があるが、立木仕立てでは不可能といえるほどむずかしい。

そして、新梢は垂直になるほどよく伸び、水平にするほど伸びなくなる。だから、新梢の伸びをおさえるには、角度を水平に近い方向へ向けなければならない。それを立木仕立てで行なうのは不可能である。そこで、棚の登場となるわけである。

現在の果樹棚は半鋼線によるもので、地上1・8～1・9mのところに縦横40～50㎝で鋼線が張ってあるから、新梢を確実に固定することができる。これが、棚の最もうれしい機能なのである（図6―1）。

図6－1　平棚栽培3年生カキ‘富有’

②葉面積指数や摘果の判断がしやすい

次に、葉面積指数の判断がしやすいことである。適正着果量を計算するときは、樹冠占有面積率と樹冠の葉面積指数の判断が必要であるが、棚仕立てなら容易にできる。

さらに、適正着果数を計算してからは、そうなるように摘果しなければならないが、そのときには着果の状態を目でみながら判断できる。立木仕立てではきわめて困難だが、棚なら平面だから比較的容易にできる（第5章図5―1～3参照）。

このように、高品質高生産を実現するための管理は棚だからできるのである。

(3) 立木仕立ての問題

果樹栽培で、初心者が最初にとまどうのは、樹形をつくることではないだろうか。せん定の本には図入りでいろいろな樹形が載っており、つくり方のていねいな解説もある。

立木仕立ての代表的な整枝法は図6―2のとおりである。主幹形整枝は、苗木から発生した1本の新梢をまっすぐ伸ばして主幹にする方法で、樹勢の強い樹に用いられていたが、樹形が高くなりすぎるので、現在ではリンゴなどのわい性台木を使った果樹に用いられている。

変則主幹形整枝は、主幹形の主幹をとちゅうまで切りもどした形で、主枝を数本つける。しかし、これも樹高は高く作業はたいへんである。そこで考えられたのが開心自然形整枝で、多くの果樹で利用されている。それよりさらに、樹高を低くしたのが杯状形整枝である。

それぞれ、特徴があり実際につくろうとすると、けっこうたいへんである。植付けてから新梢が伸び出すと、目標にする樹形に仕立てるため、最低でも主枝の本数だけ新梢を選んで、それぞれに誘引棒を立ててまっすぐに伸びるように結わえる。伸びが止まるまで行なわなければならない。

また、樹が風などで倒れないよう、根が地中へ深く広く張るように深く耕したり、わい化栽培では支柱立てやトレリスが必要になる。主枝や亜主枝も太くして果実の重さに耐え、風で折れないようにしなければならない。台風がくれば、添え木などで補強するなどの対策も必要だ。

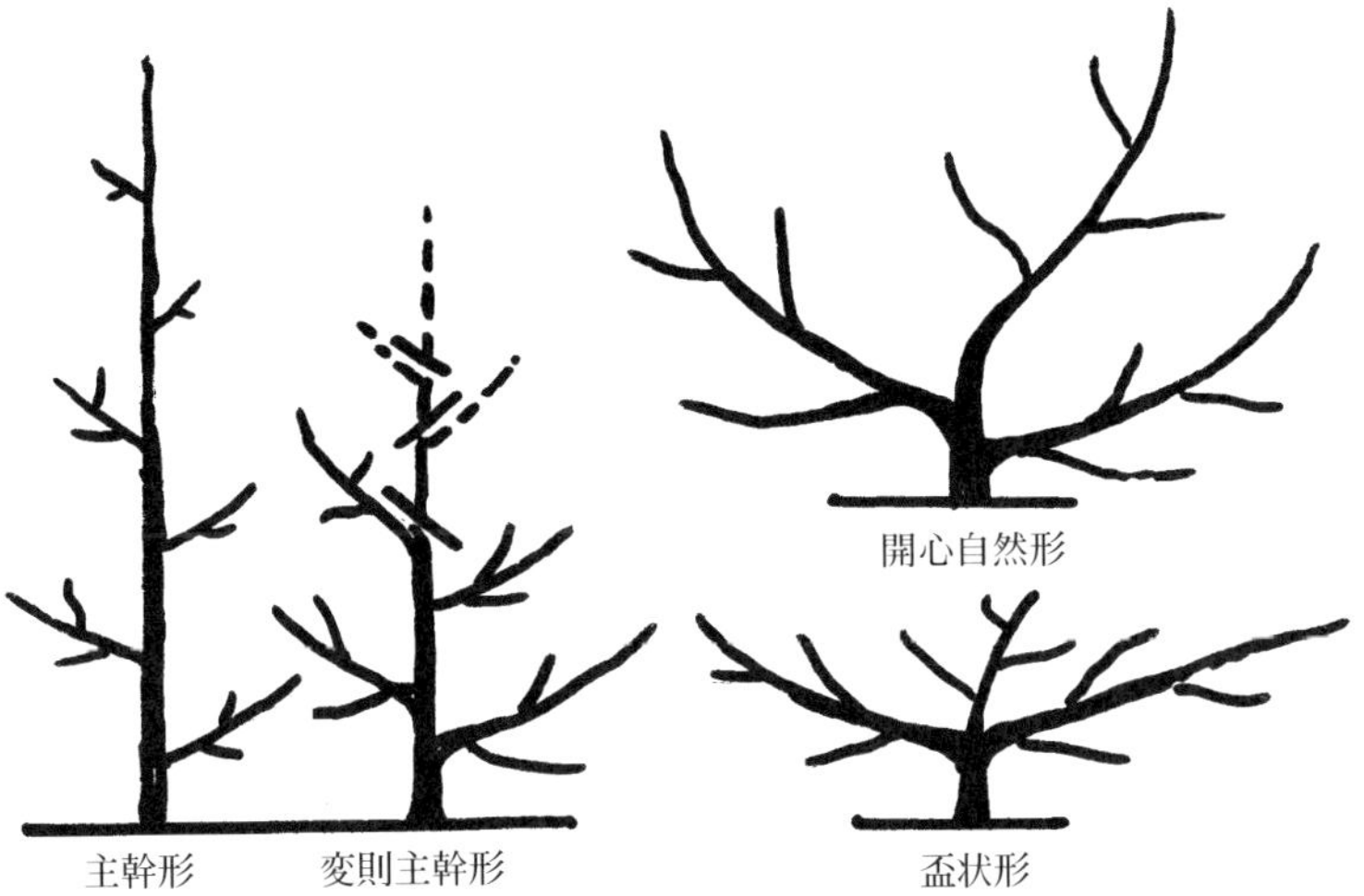

図6−2　立木仕立ての代表的な整枝法

棚仕立て果樹の主枝のつくり方――とくに1年目の主枝棚つけについて
①幹は短めにして、棚までの長さを長くするよう伸ばす
②その主枝が新梢のときに、幹直上方向の誘引縄で主枝を棚に近づくように引き上げる。これは2年目でもできるので枝が柔らかいときに行なう。2年生の枝なら5月の中下旬ごろは柔らかいので容易にできる。
③主枝の先端は上の棚線に誘引縄で吊り上げる。そうすることによって平棚でも主枝先端の伸長を促進させることができる。主枝先端の新梢が天井ネットにとどく直前に基部を棚につけて先へ伸ばすようにするとよい。
④1年目に伸ばすときは新梢が折れないように、順次棚につけて先へ伸ばす。そのときは上の棚の誘引縄を先へずらす。

(4) 棚仕立ては作業がらく

棚があると仕立てはもっと幾何学的にできる。まずは樹形を横からみると、平棚なら図6―3のように、水平で平面にすることができる。新梢が棚にとどくまでは、誘引棒が必要だが、とどいてしまえば誘引ひもなどがあればよい。

もし、主枝を傾斜させたいなら図6―4のように、主枝先端の高さを2・5mくらいにすれば、1m程度の脚立で十分作業ができる。

図6―5は平面図だがブドウの短梢整枝のように、主枝や亜主枝を平行に出すことが可能である。こうすると初心者にはあつかいやすくなる。ナシで行なわれている3本肋骨整枝やブドウのX字形自然形整枝など

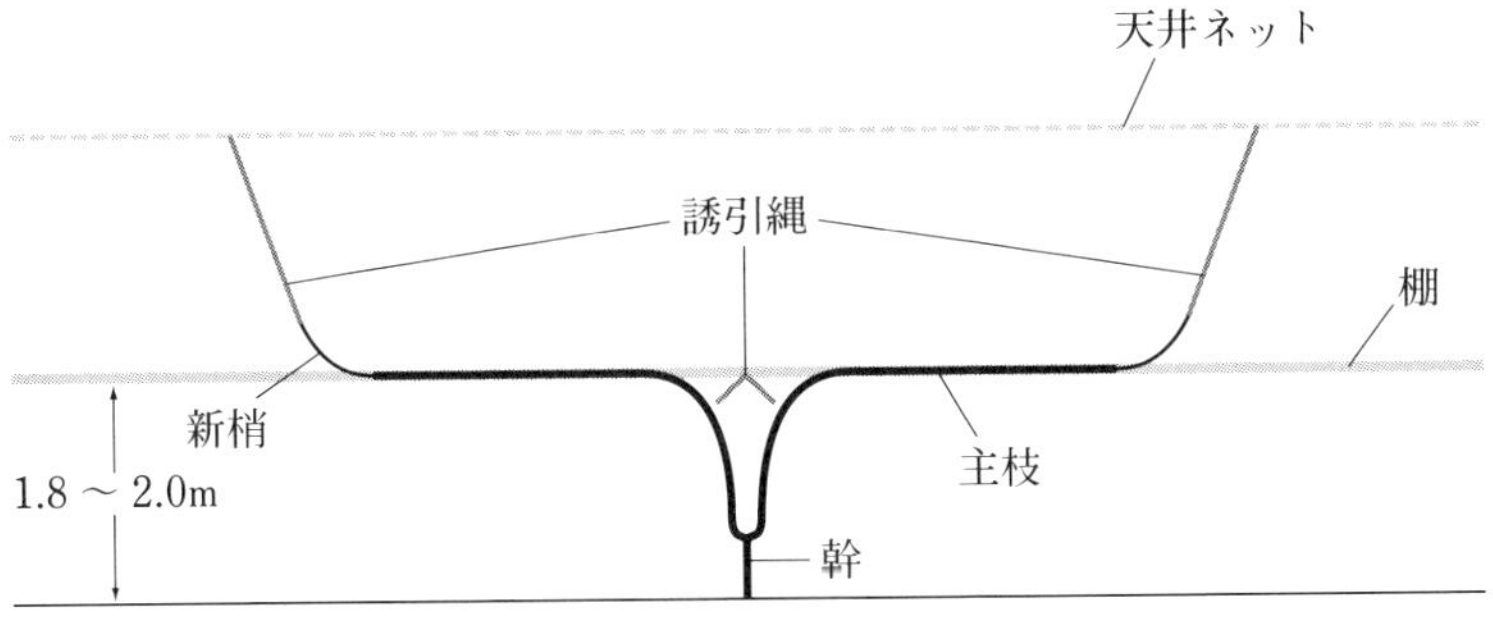

図6−3　平棚仕立ての側面図

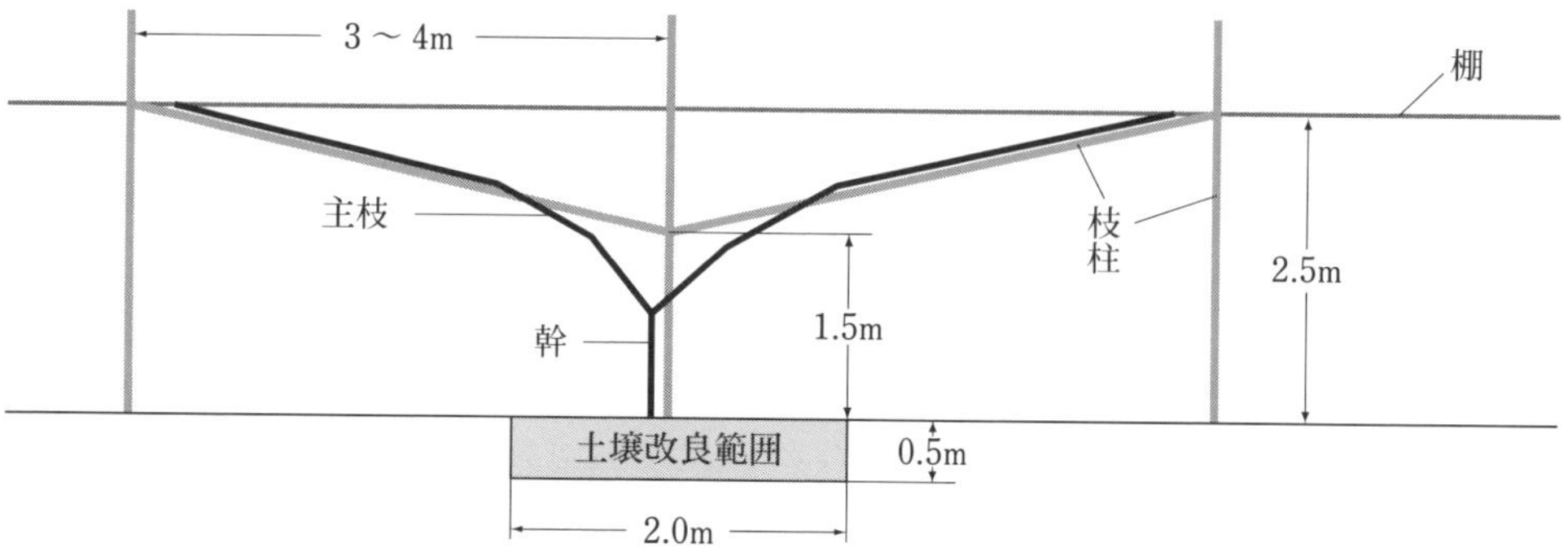

図6―4　標準的な波状棚仕立て側面図
植列間隔は3～4m（樹間は3.5～5m）、幹長は60～100cm、主枝は左右へ2本、主枝先端の高さは2.5m程度

の方法も自由自在にできる。

　樹そのものを棚でささえるので、根を深く広く伸ばさなくてもいいうえ、台風などの災害にも強い。このことは、根への物質の分配を減らすので、果実生産にとって有利になる。このように、棚栽培は整枝についてもやりやすいのである。

(5) 棚栽培は作業がしやすく能率がよい

　棚のよいところは、棚面が人の背丈に近いため、作業がしやすく能率がよいことだ。

① 園内を自由に移動でき作業能率がよい

　棚は、樹冠が人の背丈である1・8m程度の高さに限定される。園内を歩くときにじゃまになるのは、棚の中支柱と側柱、果樹の幹だけである。したがって、園内を前後左右どこへも移動できる。それに見通しもよいから、園内を観察するのにもよく、作業しながら話もよく伝わる（図6―6、図6―7）。

　だから、ほとんどの作業は地面を歩きながらできる。のちほど述べるように波状棚《はじょう》

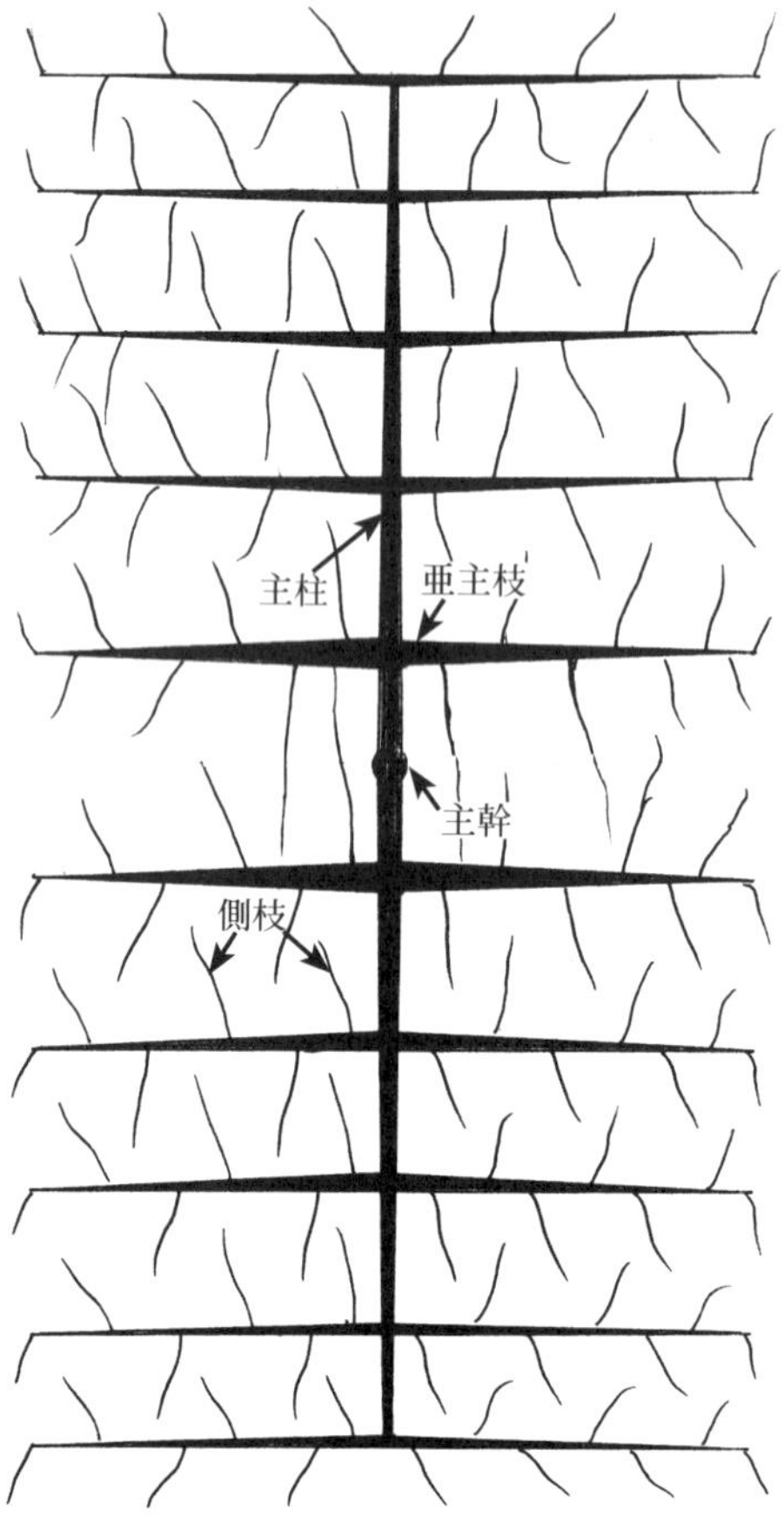

図6―5　棚仕立ての平面図

の場合でも、主枝の先端は最も高いところで2・5mだから、足継ぎが必要なら安定した低いものでたりる。同じ作業をこなすのに時間がかからないから、作業能率はきわめてよい。

立木仕立てでは果樹の幹以外に主枝や亜主枝などがななめに出ており、下垂枝も多い。収量が多くなると枝が垂れ下がるので、つっかえ棒をいれなければならない。それらがじゃまになり歩くのに不自由する。また、幹近くに枝が多いと作業に手間取り、摘果などの見落としも多くなる(図6—8)。

さらに、樹高が高いから、3mもあるような高い脚立を使うことになる。脚立が高ければ高いほど倒れるなどの危険も多くなる。重いから移動するのもきつい。上り下りに手間がかかるのに、上で行なう作業はわずかでしかないうえ、作業がつらく危険で能率が悪い。オウトウなどはいい例で、樹高が高いから豊作の年には摘果ができず、果実の品質が落ちる。

棚仕立てが作業上いかに優れているかが、わかっていただけると思う。

図6—6　見通しのよい棚栽培の園

図6—7　5年生プルーンの波状棚仕立て
列間6.7m、樹間は4m

図6—8　つっかえ柱をいれて歩きにくい立木仕立ての園

表6−1　整枝法のちがいと9年生M26中間台リンゴ‘ふじ’の年間のおもな作業時間（倉橋、1992）

	作業項目	年間作業時間		収量1t当たりの推定年間作業時間	
		棚仕立て	主幹形	棚仕立て	主幹形
精神労働的作業	整枝・せん定	79.5	49.1	12.9	10.6
	夏季せん定・誘引	16.2	4.0	2.6	0.9
	受粉・摘果	96.8	87.2	15.7	18.8
	袋かけ・除袋	140.4	127.1	22.7	27.5
	収穫・調整	96.9	87.0	15.7	18.8
	小計	429.8	354.4	69.7	76.5
肉体労働的作業	中耕・除草	8.1	8.1	1.3	1.7
	施肥・灌漑	2.2	2.2	0.4	0.5
	薬剤散布	5.5	5.5	0.9	1.2
	小計	15.8	15.8	2.6	3.4
	総合計	445.6	370.2	72.3	79.9

②気がかりなら波状棚にする

先ほど述べたように、全ての果樹は棚づくりができるが、立ち性の果樹はできるだけ主枝を立ててやりたくなる。そのときには、傾斜棚にすればよい。傾斜棚について、私は１９８４年にY字形棚仕立てとよんだことがある。樹形を横からみたときアルファベットの大文字のYに似ているからであった。

しかし、本来の主旨は、棚栽培にあったので、今後、傾斜をつけた棚は、平棚と区別してこれまでも使われている波状棚とよぶことにした。

私が30年にわたって実際に栽培してみた結果は、傾斜した主枝の先端は２・５ｍで十分だということがわかった。したがって、足継ぎの高さは１ｍあれば十分である。アルミ製で軽く安定している１ｍ程度の三脚を利用すればよい。

このように、棚仕立ては平棚、波状棚とも作業はほとんど地面を歩きながらできるので作業の能率は高いのである。

③作業がらくではやい

立木仕立てでは、地上近くから数メートルの高さまで枝や葉が茂り、果実も多くついている。そのために、夏の高温時には風通しが悪くて非常に暑く仕事がつらい。また、多人数で作業しているとき、声が通りにくく連絡をするのに大声を上げなければならない。

棚だったら、作業は樹冠下の日陰なので直射日光が当たらず、風通しもよいので涼しい。そのうえ、声もよく通るし、どこでだれが作業しているかもよく見通せる。意思の疎通がしやすい。

以上のように、棚仕立ては作業がらくでしかもはやい。このことは、儲かる果樹づくりに大切なことである。経済学では「労働生産性が高い」という。

④らくして儲かる

第５章までに、物質生産理論でつくると高品質な果実が、篤農家並みに多くとれる理由について述べた。一定の面積で多くの果実を生産するので「土地生産性が高い」のである。これは、果樹経営で儲かる第一の条件であった。

表６―１は、波状棚仕立てと主幹形仕立てのリンゴ‘ふじ’の作業時間を比較したものである。１年間の作業時間は波状棚仕

立てが明らかに多い。しかし、収量1t当たりでくらべると、波状棚仕立てのほうが少ないのである。

それは、波状棚仕立ての収量が主幹形より大幅に多いからである。また、中耕、施肥、灌漑、薬剤散布など肉体的労働時間はかわらないが、せん定、摘果、収穫・調整など精神的労働は波状棚仕立てが明らかに少ない。これは、作業が単純化されるということである。

ようするに、同じ果実の量を生産するのにかかる労働力が少なくてすむのが棚栽培である。これが、儲かる第二の条件なのだ。らくして儲かるのだから棚栽培の有利さが理解されたのではないだろうか。

2 どんな棚がよいか

棚栽培は、土地生産性と労働生産性の両方で優れており、らくして儲かるわけだが、それではどんな棚がよいのだろうか。

結論をいえば、平棚または傾斜のゆるやかな波状棚ということになる。

(1) 平棚の特徴

平棚はナシやブドウで普通利用されている。平棚の特徴は、地面から棚面までの距離が一定であることである。昔の棚の高さは1間（180cm）が普通であった。体格も現在より劣り、背の低い人が多かったからだろう。しかし、棚は時間が経つとゆるむし、成木になると収量も多くなり棚にかかる重量が多くなるから、棚面が下がる。そのうえ、果実は棚より下に垂れ下がるので、背の高い人は腰をかがめなければならず、腰痛の原因になり苦労することが多かった。

現在では、人の背丈も伸びたために、それに合わせ180cmから200cmくらいにするのが普通である。作業する人に合わせて高さを決めるとよい。現在すすめている「みらい果樹園（著者は技術顧問）」の棚の高さは190cmにしている。これでも、果実が垂れ下がると少々じゃまになるがあまり高くすると、枝管理や袋かけに足継ぎを使うことになりかねないので、この高さにしている。

また、波状棚より部材も少なく、建設も比較的容易で建設費用は少ないほうである。

(2) 波状棚の特徴

①波状棚のねらい

私は、全ての果樹は平棚でつくることができると考えている。実際にリンゴやカキも平棚でつくっているが、収量・品質ともによく、風害にも強く管理もしやすい。立ち性の強いナシのほとんどが、平棚でつくられていることを考えればうなずかれるだろう。立木仕立てでも優良園の樹形を観察すると、樹冠が平面的であることが多い。

だが、いくら仕事がらくとはいえ、一定の姿勢で両腕をやや上に上げながら、一日中仕事をしつづけるのはつらいのが現実である。また、平棚は徒長枝が立ちやすく、ゆだんすると徒長枝の巣になりやすい。その欠点をおぎなうために考えられたのが波状棚である。

図6−9　5年生モモのY字形棚仕立て
主枝が広がらず主幹の近くから棚にとどくようにした

図6−10　おもにパイプを使ったY字形波状棚
盛土と主枝先端が高いため、作業の能率がわるく、隣の列への移動もできない

②主幹の高さは1・5mほしい

1984年に私がリンゴで始めたY字形棚仕立てでは、棚の高さを主幹の位置で30～50㎝、主枝の先端部で3mとした。傾斜の角度は植列の幅によってちがい、リンゴのY字形棚仕立てでは、台木がM9だったため植列を3・6mにした関係で、横1・8m、高さ2・5mで、主枝の傾斜は2・5分の1・8だった。

しかし、モモでは高さは3mだったが、植列を7・2mにしたから傾斜は3・6分の2・5であった。JA雲南果樹技術指導センターでは、オウトウ、モモ、スモモ、プルーンともに、3・3分の1の傾斜だった。主枝の分岐点（主幹の高さ）を1・5mとし、主枝の長さ3・3m、先端部の高さ2・5mにしたからである。いずれの場合も栽培管理上の問題はなかった（図6―9）。なお、リンゴを含め、仕立て方は図6―4、図6―5に示したとおりである。

ただし、主幹の高さを1・5m以下にすると、となりの樹列間への移動が困難になる。また、根域制限のため盛土をすると作業に不便なのでやめたい（図6―10）。したがって、作業の面からは、主幹から主枝が分岐する高さを1・5mくらいにして、主枝が広がらず主幹から離れない位置で棚にとどくように整枝するのが合理的である（図6―9参照）。

3　ネットかフィルムで保護する

棚栽培にしても、露地栽培では毎年のように病害虫の多発、風の害、あられや雹《ひょう》の害、鳥害や獣害などに悩まされる。そこで考えられるのは果樹を保護することで、作

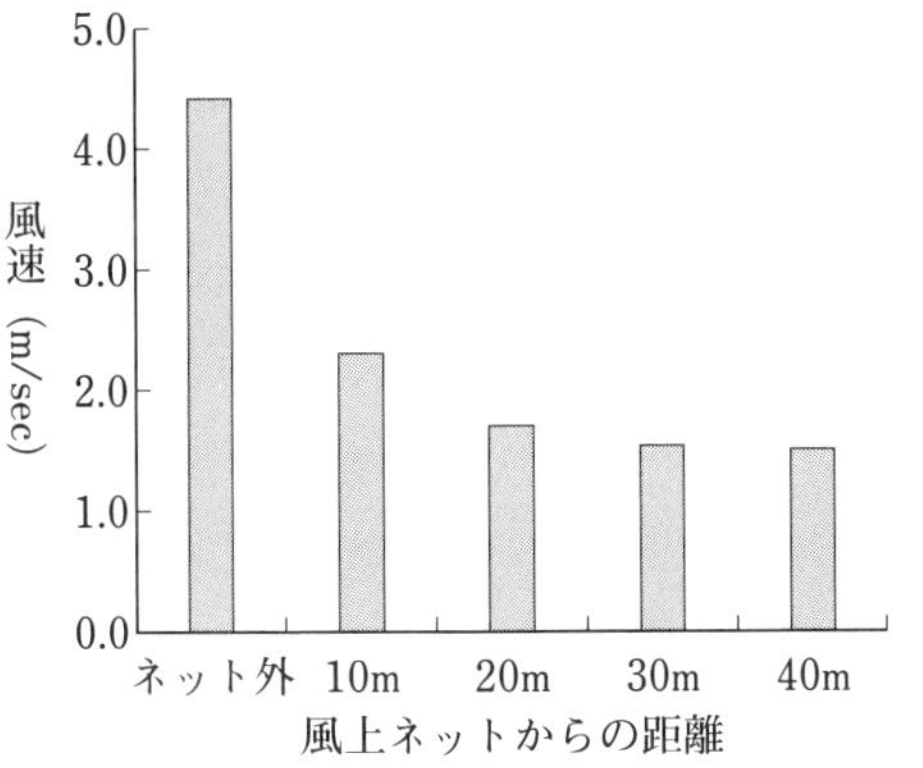

図6−11　ネット棚の防風効果（島根農試、1981）

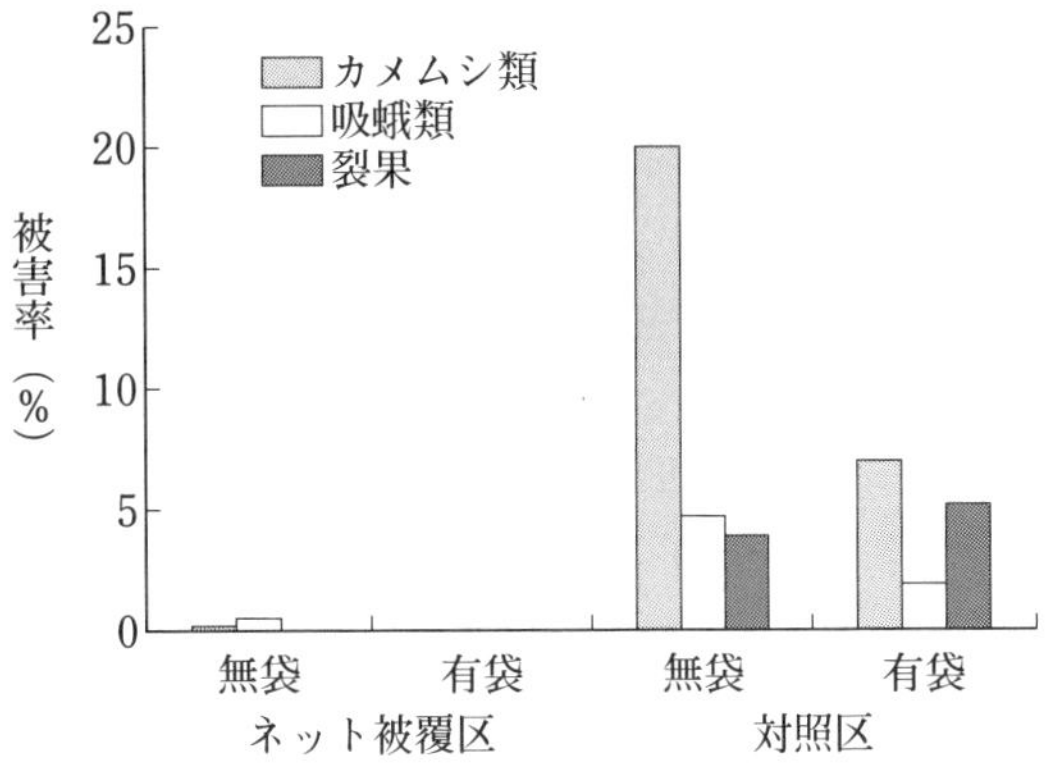

図6−12　ネット被覆と袋の有無がナシ'新水'の虫害と裂果におよぼす影響（島根農試、1980）

物栽培の重要な条件である環境をよくするわけである。

現在考えられるのはプラスチックフィルムやネットで果樹園を覆う、ハウスとネット棚である。以下、それらの重要性と経済的な有利性などについて述べる。

(1) ネット棚

①周りを囲むだけの防風垣では不十分

まず、ネット棚について述べたい。ネット棚とは、果樹棚の上にもう一段棚を張り、園全体をネットで覆うやり方で、おもにナシで行なわれている。関東地方では主目的を雹害予防にしているようだが、それだけにかぎるのはもったいない。

私は、1974年から1975年にかけて行なったブドウの風害対策の研究で、ビニルハウスと寒冷沙ハウスを比較栽培した。その結果、ネットによる防風効果は、周りを囲むだけの防風垣では不十分であり、園全体をネットで覆うべきだと提唱し、島根農試の果樹園などで実際に応用してみた。

防風の効果は、図6―11のとおりで、風速はネット外より50～30％近く遅くなっており、効果はきわめて高いことがわかる。周囲にネットを張っただけでは50％にはならない。また、風下は防風垣の高さの5倍くらいしか効果はない。

図6―12は、ナシ'新水'の害虫と裂果に対するネット被覆の効果である。無袋、有袋にかぎらず、カメムシ、ヤガの被害は皆無に近い効果がある。また、裂果防止にもすばらしい効果があった。

このように、風にかぎらず、病害虫の発生は明らかに減り、果実品質は高まり収量も増えた。総合的に判断しても、ナシやリンゴではビニルハウスと大きなちがいはなく、ネットの被覆による効果は高いことが実証されている。

②害虫、害鳥が激減し、果実品質も高まる

その後、ビニルハウスが普及するにつれてあまり重要視されなくなったが、ブドウ以外の果樹に応用すれば、栽培が安定すると提唱してきた。網の目より大きい害虫ははいらないので、3㎜目のネットなら、ドウガネブイブイ、カミキリムシ、カメムシ、

スカシバ、シンクイムシ、ハマキムシなどの防除は必要なくなるので、ほかの管理に集中できる。

注意したいのは、既存の果樹園にネットの棚を張ると、園内で発生したドウガネブイブイなどの害虫を飼うことになる。したがって、ネットを張った年の防除には気をつけなければならないが、根絶できたら防除は必要なくなる。

また、防風効果だけでなく、カラスやムクドリはおろか、タヌキなどの害獣もはいりにくい。そのうえ、雨粒はネットに当たって霧状になり、葉や果実に直接当たらないので、病気が広がるのを防げる。

以上のような効果を総合すると、棚栽培は全て二重棚にして、園をネットで覆うべきである。2015年段階では鋼材やプラスチック製品などの価格が高騰していて、10a単価は200万円を超える。いずれ下がると思われるが、現在の価格でも被覆された二重棚を取り入れることによって高収益をあげ、減価償却を早く終えることができるだろう。

それは、農薬費の節約、散布回数の減少、防風、防雹、鳥獣害防止とあわせ、果実の品質向上や収量アップによる、経済的な効果が非常に高いからである。

図6−13　普及している網棚
天井を網で覆うのがポイント。この場合は上の棚は高さ3.5m

③ネット棚の高さは2・5mでよい

現在行なわれているナシのネット棚は、図6―13のように高さ3・5mくらいになっている。果樹棚から1・5m以上である。ナシは立ち性が強く、長い徒長枝が多く発生し、ほとんど放任状態で栽培されるため、徒長枝がネットにとどかない高さとして決められたのではないかと思う。

もしそうなら、物質生産理論では徒長枝を出さないし、徒長するような新梢は果樹棚に誘引するので、ネット棚の高さはもっと低くてよいのである。

図6―14は、最近新植したナシのネット棚である。果樹棚の高さは1・9mにした

図6−14　物質生産理論で考える合理的なネット棚は高さ2.5m
果樹棚は高さ1.9m

ので、ネットを張る棚は2・5mにした。果樹棚とネットの高さは60㎝差がある。これだけあれば、新梢管理も問題なくできるし、農薬散布にも支障はない。

ネット棚の高さを低くすると、棚の建設費がかなり節約できる。また、風は地面から高くなるほど強くなるので、強風への安全度が明らかに高まる。さらには天井ネットの開け閉めも、1mの足継ぎでほとんどできる。主枝や亜主枝の先端を上の棚に誘引するなどの作業も、1mの足継ぎで間に合うから作業効率がよいなどの利点が目立つ。

以上のように、特別な理由がなければ、ネット棚の高さは2・5m程度で十分である。

(2) ハウス

①光以外の環境条件がいいので生産力が高い

世界の有名な果樹産地は、軒並み雨が少ない地域にある。年降水量が多いところでも、雨の少ない乾期に生育するところでよい果実がとれる。

ネット被覆は自然条件をかなり改善できるが、雨を防ぐことはできないので、雨に弱い果樹にとっては万全とはいえない。ハウスは雨も防ぐから、光を除けば、環境条件は世界の果樹適地とほぼ対等になり、高品質果樹生産が容易になる。

ハウス内の光は確実に減る。フッ素系のフィルムは光線透過率が高くて汚れにくく、減少率はごくわずかであるが、ハウスに使われる骨材により20％近くは減る。光エネルギーだけからみれば、光合成は減少するはずである。

ところが、これまで説明したように、光合成は光だけでなく、風、温度、養水分、湿度などにも影響される。ハウスは光以外の条件が優れている場合が多く、物質生産力はむしろ高い。

また、ダニのような微細害虫やうどんこ病などを除き、病害虫は大幅に減る。オウトウ、ブドウ、プルーンなどは裂果しなくなり、糖度は上がり果実の品質がよくなる。また、加温すると早期に出荷できるし、晩霜など低温被害の心配がないなどの利点がある。

そのうえ、雨風のあるなしにかかわらず農作業ができるから、栽培管理が徹底し、物質生産理論による作業が的確にできるのである。

②費用はかかるが経済的には有利

よいことはわかるが、費用がかかりすぎて儲からないと思う人も多いだろう。しかし、岡山で始められた'マスカット・オブ・アレキサンドリア'の栽培は、ガラスハウスであった。しかも、120年以上も前の明治時代に始まったにもかかわらず、経済的に成功させたのである。当時は透明な軟質フィルムがなかったから、ガラスハウスだったが、建設費が高く農業向きとはいえない。現在は安い軟質フィルムがあるので、ガラスハウスにする理由は薄れた。

軟質フィルムハウスであっても、建設費は果樹経営に負担になる。だが、ハウスのよさを引き出すことによって、かかった費用を早期にとりもどすことができる。山田寿氏（2013）によれば、2006～2007年のわが国の果樹の施設面積は、ガラス室133、ハウス6967、雨よけ5

330、合計1万2430haである。これだけの面積があるということは、果樹にとって雨をさえぎることが経済的に有利であることの証明ではないだろうか。

(3) どんなハウスがよいか

①快適に作業ができることも大切

それでは、どのような構造のハウスがよいのだろうか。結論をいえば屋根型ハウスではないかと考えている。世界の観賞用温室には、ロンドンの王室植物園の大温室のように、曲線美を取り入れたものがある。しかし、農業用温室は直線的な屋根型が圧倒的に多い。

住宅でも雨がほとんど降らない地域を除けば、屋根型が圧倒的に多い。それは、構造が直線的で簡単だから、材料が少なくてすみ、筋交いがいれやすくて強度があり、雨や雪が滑り落ちやすく、保温も換気もやりやすいなど人が住むのに適しているからだろう。

果樹だって生き物だから人と同じような環境を好むはずであり、屋根型はそれに適合する。農業でハウスが考えられたおもな目的は、早出しによる希少価値ねらいであり、冬でもスイカやトマトが食べられるのはハウスのおかげである。

果樹のハウスも、最初は早出しによる高付加価値ねらいだった。たしかに、早出しは儲かった。しかし、世界がグローバル化するにつれ、南半球から果実が送られてくるようになり、早出しのうまみが薄らいできている。

今後は高品質果物生産に主力をおくべきではないだろうか。そうなると、果樹の生育に適していることは当然のことで、快適に作業ができることが重要になる。

②アーチ型ハウス

農業用ハウスの主流はアーチ型である。わが国で本格的な施設栽培が始まったのは戦後で、ビニルやポリエチレンの透明な軟質フィルムができてからである。このフィルムはガラスよりはるかに安かったが、柔らかくてよく伸びた。そのため、雨でゆるみやすく屋根のように直線に張ると水の袋ができてしまった。そこで、屋根をアーチ型にしてホロパイプのあいだをヒモで締めることによって、たるみをおさえるアーチ型のハウスになった。

しかし、実際に仕事をすればわかるが、アーチ型ハウスは換気効率が悪いので、晴れた日の日中はハウス内温度が高すぎて作業できないほどである。そのため、気温が高い時期には昼間は仕事を休むか、高価な冷房施設を導入しなければならない。それは、屋根の天井部分に換気窓がないからである。

天窓をつければよいのだが、屋根が湾曲しているため費用がかかるし効率も悪い。さらに、天井が低いから煙突効果がなく、よけい換気効率が悪いのである。

③屋根型ハウス

現在ではフッ素系フィルムやPOフィルムなどは、耐用年数が長くなっただけでなく、引っ張りに強くなり、屋根型に張ってもゆるまなくなった。そうなれば当然のこと、ハウスの構造は屋根型にすべきである(図6—15)。

耐用年数はPOフィルムが4～5年くらいだが、フッ素系は長いものは25年ももつ。

図6－15　両屋根型単棟ハウス（正面）
真夏の真昼でもハウス内の棚下は野外より涼しい
間口20m、棟高5.5m、軒高2.5m、天窓幅1m

しかも、張りやすくメンテナンスもほとんど必要がないくらいである。

屋根型の利点は構造が直線的で、同じ強度のハウスなら部材が少なくてすむし、天井部分が直線なのでフィルムの面積が少なくてすむから経済的である。私が屋根型をすすめる最も大きな理由は換気がよいことである。

島根農試で始めた屋根型ハウスの構造は、雪が滑り落ちる程度の傾斜をもった両屋根型で、間口は20m、棟高5・5〜6m、軒高2・5〜3mである。主要な鋼管は直径48㎜、肉厚2・4㎜の直管で、工事の足場に使われているものと同じである。棟には幅1mの天窓を風下側にいれるだけで、換気はきわめて優れている。それは、天窓の高さが高いため煙突効果が高いからだ。しかも、棚栽培にすると作業は全て樹冠下の日陰で行なうため、風通しもよく、夏の真昼でも作業ができるほど涼しい。

このことは、果樹にとっても好ましく、高温障害を防ぐだけでなく、光合成適温の時間が長くなり、物質生産に有利に働くと考えられる。

以上のような理由から、経済的に許されるなら果樹のハウスは、屋根型にするのがよいと考える。

あとがき

ブドウの物質生産研究で論文を書き、ありがたくも研究仲間2人とともに博士号を授与されたが、私は残念ながらはずれた。そのことについて恩師は「高橋よ、お前の論文は50年早い」といわれた。そのとき、そうか私の考えは容易に受け入れられないのだと理解した。しかし、実際その理論の考え方で栽培すると、明らかに高品質果実が多収できる。この理論が受け入れられれば、果樹農家の利益になると考えるようになった。

そのころ、農文協から『果樹の物質生産と収量』(平野暁・菊池卓郎編著、1989年)が出版され、共著者の仲間にいれていただいた。しかし、驚いたことに、原稿段階で何の指摘もないなかで(反論できない状態で)、私の考えにたいする編者の批判が載っていた。批判は自由だから問題はないが、それによってブドウ農家に受け入れられつつあった、高生産技術があともどりしないか悩んだ。そして、物質生産理論は果樹栽培に使ってこそ意義があり、それを世に問いたいと考えた。その後、幸いにも『物質生産理論による落葉果樹の高生産技術』(高橋国昭編著、1998年)を農文協から出版することができた。

しかし、データ中心になっており、論理の筋道に難点があるように感じていて、その後今日まで自園などで実証をつづけた。その結果は、いずれもよかった。農家向けにもっとわかりやすい本としてまとめたいという思いに、農文協編集部から賛同していただいた。その結果が本書である。

理論が正しいかどうかは、それを実践してみなければわからない。理論どおりに果樹を栽培したところ、おおむねそのとおりになったとすれば、その理論はおおむね正しいといえる。おおむねとしたのは、科学の発展はそのような法則にしたがっているからだ。人間の認識は発展し続けるのだから、新しい理論も時代の進歩とともに更新され、より正しいものへと高められる。私の物質生産理論が新しい研究により、より高い段階へと押し上げられることを期待したい。

傘寿に近くなってからの執筆はたいへんだったが、やっと実現できて嬉しいかぎりである。果樹農家をはじめ、多くの果樹関係者に読んでいただければ望外の喜びである。

データの多くは、未発表のものを含め島根県農業試験場(現・島根県農業技術センター)果樹科の試験成績書から引用させていただいた。また、逐一おことわりしていないが、先輩や研究仲間の貴重なデータを使わせていただいた。深く感謝申し上げたい。

ここまでこぎつけるのに、叱咤激励し、構成から文の内容までご苦労いただいた、丸山良一氏に心から感謝申し上げげたい。

2015年12月　　生涯研究者　高橋　国昭

著者紹介

高橋　国昭（たかはし　くにあき）

1936年島根県生まれ。1959年鳥取大学農学部卒業。同年島根県農業試験場研究員になり、以来ブドウ、ナシおよび施設園芸を中心に果樹の研究に従事。1980年同農試果樹科長、1986年農学博士、1990年次長、1992年園芸振興奨励賞（松島財団）。1995年より鳥取大学農学部教授、1999年農場長を経て2002年退官。2004年JA雲南技監となり、JA雲南果樹技術指導センター設立と指導にかかわる。現在は、娘夫婦が経営している約１ヘクタールの果樹園（「みらい果樹園」）の技術顧問として研究・指導を行なっている。

著書：『ブドウの作業便利帳』、『ハウスブドウの作業便利帳』、『物質生産理論による落葉果樹の高生産技術』（編著）、『果樹の物質生産と収量』（共著）、『そだててあそぼう　ブドウの絵本』、『そだててあそぼう　農作業の絵本④　果樹の栽培とせん定』（以上、農文協）、『果樹園芸　第２版』（文永堂出版、共著）など

果樹 高品質多収の樹形とせん定
光合成を高める枝づくり・葉づくり

2016年 1月20日　第1刷発行
2023年 9月10日　第3刷発行

著者　高橋　国昭

発行所　一般社団法人　農山漁村文化協会
〒335-0022　埼玉県戸田市上戸田２−２−２
電話　048(233)9351(営業)　048(233)9355(編集)
FAX　048(299)2812　振替　00120-3-144478
URL　https://www.ruralnet.or.jp/

ISBN978-4-540-14225-3　DTP製作／(株)農文協プロダクション
〈検印廃止〉　印刷／(株)光陽メディア

製本／根本製本(株)
Printed in Japan　定価はカバーに表示
乱丁・落丁本はお取り替えいたします。

農文協の図書案内

ブルーベリーをつくりこなす
高糖度、大粒多収

江澤貞雄 著

ピートモスやかん水で育てないスパルタ栽培で、ブルーベリー本来の強さを引き出す。植え付けがラクなうえに、樹は丈夫になる。

1600円+税

図解 リンゴの整枝せん定と栽培

塩崎雄之輔 著

せん定を中心にリンゴの年間管理を体感的に理解できるよう、イラスト、写真を駆使して解説。新規就農者のための格好の手引書。

1900円+税

リンゴの作業便利帳
高品質多収のポイント80

三上敏弘 著

せん定から収穫、品種更新まで、それぞれの作業によくある失敗、思いちがい。その原因を解きほぐし改善法と作業の秘訣を紹介。

1800円+税

ナシの作業便利帳
高糖度・良玉づくりのポイント120

廣田隆一郎 著

収穫後から秋の枝抜きや縮伐、秋根を大切にする土壌管理などで早期展葉を図ることが良玉づくりのポイント。作業のやり方・コツを満載。

1362円+税

カキの多収栽培
安定3トンどりの技術と経営

小ノ上喜三 著

徒長枝利用の新技術でヘタスキ果なしの安定3トンどりを実現。独自のせん定や減農薬防除など栽培技術から販売のノウハウ公開。

1800円+税

カキの作業便利帳
小玉果・裏年をなくす法

松村博行 著

貯蔵養分の増大・有効活用の観点から作業方法を見直し、大玉安定生産の要点を平易に解説。施設栽培、葉面散布、貯蔵・加工法も詳解。

1900円+税

モモの作業便利帳
高糖度・安定生産のポイント

阿部 薫・井上重雄・志村浩雄ほか 著

食味のよい高糖度果実を安定的に生産することを目標に、樹勢の判断や、新梢の扱いなど作業のポイントを初心者にもわかりやすく解説。

2200円+税

草生栽培で生かす ブドウの早仕立て新短梢栽培

小川孝郎 著

樹形が明解で、高齢者や婦人が整枝・せん定の判断や作業に安心して取り組め、2年目から収穫開始できる栽培法を、豊富な図解で詳述。

1900円+税

クリの作業便利帳
作業改善と低樹高化で安定多収

荒木 斉 著

低収・短命のクリ園は光不足が原因。高品質・多収の第一は間伐と低樹高化。そのための作業改善の方法を豊富なイラストや写真で解説。

1800円+税

改訂 ウメの作業便利帳
結実安定と樹の衰弱を防ぐ

谷口 充 著

完全交配種子による結実率の高い実生台木苗や取木苗の育成方法から、整枝せん定など、低収量樹をなくす作業改善ポイントを詳述。

1600円+税

熱帯果樹の栽培
完熟果をつくる・楽しむ28種

米本仁巳

とろける甘さ、忘れられない香り、機能性成分豊富で身体にやさしい28種の栽培と加工・利用、食べ方のポイントを詳解。

3200円+税

（定価は改定になることがあります）